앨런 튜링 Alan Mathison Turing

1912년 영국 런던에서 태어난 앨런 튜링이 20세기 전반기에
이룬 업적은 오랫동안 세상에 알려지지 않았다.
(국가적) 비밀이었거나 시대를 너무 앞서간 탓이었다.
1935년 20대 초반의 □□□□□□□□□□□□□□□이 된
튜링은 이듬해 □□□□□□□□□□□□□□□□□되는
'튜링 기계'라는 □□□□□□□□□□□□□□□□□아볼
수 있는 사람은 □□□□□□□□□□□□□□□□전
중에는 독일군의 □□□□□□□□□□□□□□는 공헌을 한다.
이 과정에서 세계 최초의 컴퓨터 콜로서스가 개발되기도
하였다. 하지만 전쟁 중의 모든 활동은 30여 년간 비밀에
부쳐져야 했다.
가장 유명한 튜링의 업적이라면 인공지능의 개념과 구현할
방법을 확립한 논문 「계산 기계와 지능」(1950)이 손꼽힌다.
이 논문에서 그는 튜링 테스트와 머신 러닝이라는 참신한
아이디어를 제안하였고, 후대 컴퓨터 공학은 이를 토대로
오늘날 인공지능의 상당한 현실화에 이르렀다. 튜링은
이 논문에서 20세기 말이면 인공지능이라는 생각이 보편성을
얻으리라고 내다보았다.
1954년 6월 7일 튜링은 시안화물 중독으로 사망했다. 자살로
알려져 있다. 당시 그는 성소수자 정체성을 드러냈다는
이유로 사법적 처벌을 받아 고통스런 시간을 보내고 있었다.
"앨런 튜링은 컴퓨터 과학과 인공지능의 아버지이자 전쟁
영웅으로서 광범위하고 선구적인 업적을 남겼다. … 튜링은
그의 어깨 위에 많은 사람들이 올라탄 거인이었다."
2019년 7월 영국중앙은행은 50파운드 신권 지폐의 인물이
앨런 튜링임을 알리며 이같이 발표했다.
과학적 발견이 확대되면서 튜링의 업적은 계속해서 새롭게
조명되고 있는데, 일례로 그의 생물학 연구인 형태발생
이론은 2000년대 들어 하나 둘 입증되고 있다. 거인의 어깨는
더 넓어질 것이다.

"생각의 전체 과정은
여전히 우리에게 매우 신비롭지만
생각하는 기계를 만들려는 시도는
우리 자신이 어떻게 생각하는지 이해하는 데
큰 도움이 될 것이라 믿습니다."

1951년 BBC 라디오 강연에서

앨런 튜링은 「계산 기계와 지능」을 철학 학술지인 『마인드』(59권 236호, 1950년)에 기고하였다.

Vol. LIX. No. 236.] [October, 1950

MIND

A QUARTERLY REVIEW

OF

PSYCHOLOGY AND PHILOSOPHY

I.—COMPUTING MACHINERY AND INTELLIGENCE

By A. M. TURING

1. *The Imitation Game.*

I PROPOSE to consider the question, 'Can machines think?'
This should begin with definitions of the meaning of the terms
'machine' and 'think'. The definitions might be framed so as to
reflect so far as possible the normal use of the words, but this
attitude is dangerous. If the meaning of the words 'machine'
and 'think' are to be found by examining how they are commonly
used it is difficult to escape the conclusion that the meaning
and the answer to the question, 'Can machines think?' is to be
sought in a statistical survey such as a Gallup poll. But this is
absurd. Instead of attempting such a definition I shall replace the
question by another, which is closely related to it and is expressed
in relatively unambiguous words.

The new form of the problem can be described in terms of
a game which we call the 'imitation game'. It is played with
three people, a man (A), a woman (B), and an interrogator (C) who
may be of either sex. The interrogator stays in a room apart
from the other two. The object of the game for the interrogator
is to determine which of the other two is the man and which is
the woman. He knows them by labels X and Y, and at the end
of the game he says either 'X is A and Y is B' or 'X is B and Y
is A'. The interrogator is allowed to put questions to A and B
thus:

C: Will X please tell me the length of his or her hair?

Now suppose X is actually A, then A must answer. It is A's

28   **433**

앨런 튜링 지음 노승영 옮김 곽재식 해제

앨런 튜링 지능에 관하여

＊HB PRESS＊

차례

해제— 곽재식 (과학자, SF 작가)

앨런 튜링은 1912년 6월 23일 영국 런던에서 태어났다. 1912년이면 한국사에서는 일제강점기 초기에 해당하며 앨런 튜링이 주로 활약한 시기가 1930년대 후반에서 1950년대 초반이라는 점을 생각해 보면, 그의 활동시기는 대체로 중일전쟁, 2차 세계대전, 광복과 시대를 같이한다. 그런 만큼 모든 것이 급격하게 변화하고 모든 일이 격렬하던 시대를 살았던 사람이라고 볼 수도 있을 것이다.

다만 앨런 튜링의 출신 배경과 학창 시절의 모습을 보면 그러한 격렬한 시대적 분위기와 어울리는 사람인 것 같지는 않다. 튜링은 막대한 부를 소유한 집안은 아니었지만 귀족에 가까운 가문에서 2남 중 둘째로 태어났으며, 그 부모는 인도의 영국 점령지에서 공무원 생활을 하다가 런던으로 돌아온 사람들이었다. 어린 시절부터 튜링은 지적인 재능을 드러냈다고 하며, 대부분의 학과 공부에서도 좋은 실력을 보여주었다고 한다.

특히 수학 과목에서는 상급 과정에 해당하는 어려운 문제들을 어린 나이에 도전하는 것을 즐길 정도로 놀라운 실력을 보여주었다. 레이먼드 플러드(Raymond Flood) 교수는 강연 '튜링과 폰 노이만(Turing and von Neumann)'에서 튜링의 어린 시절을 설명하면서 그가 16세 때 당시 최신 과학 이론으로 화제이던 상대성 이론에 깊은 관심을 갖기도 했다는 것을 설명한 적이 있다. 튜링은 이 무렵 자신의 어머니에게 상대성 이론의 정수를 설명해 주기 위해 다양한 메모를 남기기도 했다.

한편 튜링은 체육 활동이나 스포츠에도 어느 정도 관심이 있었다. 학창 시절 튜링은 자전거 타기에 빠지기도 했고, 대학 시절 이후로는 장거리 달리기에 매달리기도 했다. 앤드루 호지스(Andrew Hodges)의 전기 『앨런 튜링의 이미테이션 게임』에 따르면, 튜링의 마라톤 실력은 전문가 수준이어서 나중에는 영국 올림픽 대표선수들에 필적하며 주요 대회에 출전할 정도였다고 한다. 한국인 최초의 올림픽 금메달 수상자인 손기정 선수는 1912년 생으로 앨런 튜링과 같은 해에 태어났는데, 만약 튜링이 수학과 과학의 길을 걷지 않고 스포츠에 더 집중했다면 베를린 올림픽 마라톤 경기에서 손기정 선수와 앨런 튜링이 만났을 지도 모르는 일이다.

튜링이 본격적으로 수학과 과학 분야에서 활약을 하게 되는 것은 대학 입학 이후인 1930년대의 일이다. 튜링은 케임브리지 킹스칼리지에 입학하여 수학을 공부했으며, 대학에서 최신의 다양한 수학 이론에 대해 배우게 되었다. 튜링은 최고 수준의 수학 실력을 교수들에게 보여주며 주변을 감탄하게 했고, 20대 초반인 1935년에 케임브리지 대학의 펠로(fellow) 연구원이 되어 계속해서 연구해 나갈 수 있게 되었다. 이것은 역대 케임브리지 대학의 펠로 연구원들 중에서는 이례적으로 어린 나이에 자격을 얻은 사례였다고 한다.

그리고 마침 베를린 올림픽이 열리던 해인 1936년, 튜링은 드디어 「계산 가능한 수에 관하여, 결정문제에 대한 활용을 중심으로On Computable Numbers, with an Application to the Entscheidungsproblem」라는 논문을 쓰게 된다.

당시 수학계에서는 수학 자체가 얼마나 믿음직하고 확고한 체계인가 하는 문제에 대한 토론과 연구가 인기가 많았던 것 같다. 흔히 1+1=2라는 것과 같은 수학은 의심의 여지가 없는 가장 확고한 사실인 것이라고들 믿는 경우가 많다. 하지만 과연 정말로 1+1=2가 사실이라는 믿음에서 어떠한 흠결도 찾을 수 없는 것인지, 그렇게 믿을 만하다면 그렇게 믿을 만하다는 점은 어떻게 증명할 수 있는지에 대한 고민이 당시에는 중요한 주제였던 것이다. 튜링이 논문에서 다루었던 정지문제(halting problem)는 그러한 수학의 확실함에 대한 여러 고민거리들 중에서도 어떤 계산식을 정해진 방식대로 풀어 나갈 때 계속 풀어 나가다 보면 언젠가는 계산이 완료되고 답을 얻을 수 있는가, 없는가를 미리 확실히 알 수 있느냐 하는 내용이었다.

논문을 통해 튜링은 알 수 없다는 결론을 내렸다. 그런데 이 결론 그 자체 이상으로 튜링이 그 결론에 이르는 과정에서 생각한 튜링 기계(Turing machine)라는 생각이 후대에 막대한 영향을 미치게 된다. 만약 누가 앨런 튜링의 가장 중요한 업적을 단 하나만 꼽으라면 나는 바로 이 튜링 기계와 그에 관한 여러 생각을 사람들 사이에 유행시켰다는 점을 꼽겠다.

튜링은 기록에 쓰여 있는 숫자를 읽어 들이고 그 숫자

에 대한 어떤 간단한 규칙에 따라 그 다음 글자를 읽거나 그 전 글자를 읽거나 무슨 숫자를 쓰는 작업을 하는 정도의 단순한 기계를 떠올려 보자고 가정했다. 후대의 학자인 울프람(Stephen Wolfram)은 3가지 숫자를 읽을 수 있고 언제 무슨 숫자를 읽었는지에 따라 6개의 간단한 규칙에 맞춰 다른 위치에 적힌 숫자를 읽거나 쓰는 기계 장치 정도의 극히 간단한 기계라도 아주 좋은 예시라는 점을 밝히기도 했다. 이런 식의 간단한 기계를 튜링 기계라고 하는데, 특히 울프람의 예시와 같은 형태는 굉장히 다양한 형태로 활용할 수 있어서 이런 경우를 범용(universal) 튜링 기계라고 한다.

튜링은 논문에서 이런 정도의 아주 간단한 기계가 할 수 있는 작업으로 여러 가지 복잡한 계산이나 자료 처리 작업의 표현 역시 할 수 있다는 생각의 예시를 생생히 보여주었다. 즉 대단히 복잡하고 어려운 작업처럼 보이는 온갖 다양한 일들을 그 작업을 세세하게 쪼개고 쪼개어 간단한 단위로 산산히 분해해서 늘어 놓은 후에 범용 튜링 기계같이 아주 간단한 장치가 할 수 있는 작업의 모임으로 처리하는 것이 가능한 경우가 많다는 이야기다.

이러한 생각은 바로 현대의 컴퓨터와 디지털 기기가 가능하다는 길을 보여준 것이다. 3차원 그래픽을 보여주고, 복잡한 인터넷 통신과 동영상 코덱 처리를 수행하고, 스프레드 시트 프로그램으로 다양한 계산 결과와 그래프를 만드는 온갖 복잡한 일들을 결국에는 0과 1이라는 정보를 조작하는 아주 단순한 작업의 모임으로 분해해서 수행할 수 있다는

것이다. 그리고 그런 단순한 작업을 아주 많이, 빠르게 수행
할 수 있는 장치가 바로 현대의 컴퓨터다.

　　이렇게 보면, 세상의 모든 컴퓨터들은 1936년 당시, 20
대 초반 앨런 튜링이 떠올린 그 범용 튜링 기계를 모방해 만
든 단순하고 간단한 기계인 셈이다. 다만 그 처리 용량이 무
척 크고 그 속도가 대단히 빠를 뿐이다. 훗날 튜링은 디지털
컴퓨터의 여러 활용 가능성을 설명하면서 자신이 생각한 범
용 튜링 기계의 아이디어를 불러내곤 했다. 예를 들어 1948
년의 보고서 「지능을 가진 기계」에서 튜링은 '만능 논리 계
산 기계'를 언급하면서 범용 튜링 기계의 발상을 이용하여
디지털 컴퓨터의 능력을 예상하고 그 한계를 추측해 보려는
방식을 제시했다.

　　한발 더 나아가면 범용 튜링 기계라는 것은 사람의 지
식 중에서 가장 깔끔하고 가장 잘 정리된 지식이라는 수학
의 논리를 아주 단순한 처리를 반복하는 기계 장치로 표현
할 수 있다는 데에 힘을 싣는 생각이기도 하다. 이것은 사람
의 지성과 지혜를 결국 분해하고 분해해서 쪼개고 쪼개면
몇 개의 형태에 따라 단순하게 움직이는 물체로 표현할 수
있다는 느낌을 준다. 그리고 이런 느낌은 지식, 지능, 사람의
생각, 사람의 능력이 무엇인지에 대해서 색다른 생각을 이
끌어 내는 단서가 될 수 있다. 이러한 방식을 튜링은 인공지
능에 대한 문제를 다룰 때에도 종종 활용했다.

1939년 2차 세계대전이 발발한 이후, 튜링은 영국군을 위해

독일군의 암호를 해독하는 작업에 참여했다. 튜링은 쏟아져 들어오는 독일군의 암호문을 다양한 방식으로 조직적으로 분석하고 처리해서 일정한 규칙을 찾아내고 그 규칙을 바탕으로 암호를 푸는 작업에 공헌했다. 「지능을 가진 기계」 보고서에서 튜링은 인공지능의 활용 용도를 두고 체스, 포커 등의 게임, 언어 학습, 언어 번역 등과 함께 암호 해독도 예시로 제시했는데, 하필 암호 해독을 예시로 꼽은 것은 아마 이때의 경험이 크게 작용했기 때문인 듯싶다. 한편으로 요즘 인공지능 기술이 활발히 활용되어 상품으로 나온 대표적인 분야가 게임, 자연어 처리를 이용한 인공지능 비서, 번역기 소프트웨어라는 점을 보면, 튜링의 당시 예견이 60년이 지난 현재 상당히 잘 들어맞고 있어 놀랍다.

　튜링은 전쟁 중 암호 해독에 필요한 작업을 자동으로 빠르게 수행하기 위해 개발된 기계 장치를 활용하고 개조하는 일에도 적극적으로 참여했다. 극적으로 과장된 잡지기사 등을 보면 이때 튜링이 '콜로서스(Colossus)'라는 세계 최초의 컴퓨터를 개발해서 독일군의 에니그마(Enigma) 암호체계를 풀었다는 식으로 설명하는 경우도 있는데, 그렇다기보다는 튜링은 암호 해독 작업에 참여했던 많은 뛰어난 학자 중 한 명이었으며, 그 모든 일의 주역이었다기보다는 그중에서 자동으로 암호 분석을 하는 기계를 활용하는 데 열심이었던 한 대원으로 보는 것이 옳을 것이다.

　튜링은 이런 작업에 성실히 임했고 성과도 좋은 편이었다고 한다. 또 한편으로 이 무렵은 같이 암호를 해독하던 동

료 수학자 조운 클라크(Joan Clarke)와 튜링이 약혼을 했다
가 튜링의 성소수자 정체성 때문에 약혼을 포기하던 시기와
도 겹친다.

　전쟁 이후, 튜링은 실제 컴퓨터를 개발하는 작업에 참
여하거나 컴퓨터를 만들고 그 컴퓨터에게 다양한 작업을
시키게 하는 방법에 대한 연구에 뛰어들었다. 그리고 그
외에도 여러 가지 분야의 연구를 수행해 나갔다. 예를 들
어 초기 컴퓨터 중 하나인 영국의 에이스(ACE, Automatic
Computing Engine)를 개발하는 데에 참여하기도 했고, 생
물이 어떻게 다양한 무늬를 갖는 지에 대해 그 과정을 수학
과 이론적인 추측으로 설명하는 논문을 쓰기도 했다.

　그렇지만 이 시기 앨런 튜링의 연구 결과 중에 가장 널
리 알려지는 것이라면 역시 1950년에 발표한 「계산 기계와
지능Computing Machinery and Intelligence」이라는 논문이
다. 짐 알칼릴리(Jim Al-Khalili) 교수는 '앨런 튜링: 암호 해
독가의 유산(Alan Turing: Legacy of a Code Breaker)'이라는
강연에서 이 논문이야말로 현대의 인공지능에 대한 생각에
시동을 건 업적이라고 지목했다.

　이 논문에서 튜링은 최근에 더욱 더 인기를 끌고 있는
생각인 튜링 테스트(Turing test)라는 발상을 제시하기도 했
다. 튜링 테스트는 과연 기계가 지능을 갖고 있는지 아닌지
시험해 볼 수 있는 방법으로 앨런 튜링이 논문에서 제안한
것이다. 튜링은 기계의 지능, 인공지능에 대해서 토론할 때
'지능'이 무엇인지, 그 말의 뜻을 정확히 설명하거나 정해 놓

기가 어렵다는 점이 커다란 문제라는 것을 간파했다. 게다가 적당히 "이러이러한 것을 지능이라고 하자."라고 하더라도 다른 사람들이 다들 거기에 동의하는 기준이 되는 것은 쉽지 않다.

튜링 테스트라는 생각이 멋진 점은 바로 이 문제를 피해 가는 재미난 수법을 제시했다는 것이다. 튜링 테스트에서는 지능이 과연 무엇이냐에 대한 문제는 잠시 젖혀 놓는다. 대신에 기계가 하는 말이 사람이 하는 말과 얼마나 구분하기 쉬운지 어려운지만 따진다. 그리고 만약 기계와 대화할 때 기계가 하는 말이 사람의 말과 아주 비슷해서 구분되지 않는 정도라면 기계가 마치 사람 같다고 보자는 것이다. 그런데 사람은 지능을 갖고 있다는 것이 자명하므로, 마치 사람 같아 보이는 이 기계도 지능 같은 것을 갖고 있다고 볼 수 있지 않겠느냐는 생각이 바로 튜링 테스트의 핵심이다. 정확히 지능이 뭔지는 모르지만, 사람과 비슷하게 말을 한다면 사람 같다고는 할 수 있고 사람은 지능을 갖고 있으니 사람 같은 것도 지능을 가진 것에 가깝지 않냐는 이야기다.

따라서 튜링 테스트는 사람과 기계를 섞어 놓고 채팅으로 대화를 하면서 대화 내용으로부터 누가 사람이고 누가 기계인지 구분할 수 있느냐 없느냐의 테스트를 하는 것으로 흔히 수행하게 된다. 만약 이런 테스트를 했는데 구분이 잘 안 될 정도로 기계와 사람이 비슷하다면 기계는 지능을 갖고 있는 것에 가깝고, 튜링 테스트를 통과한 것이 된다.

튜링 테스트는 지능이 과연 무엇이냐는 깊은 문제를 재

치 있게 피해 갔으면서도 기계가 사람처럼 생각한다는 것이 어떤 것이냐에 대해 여러 가지로 생각할 여지를 주었기 때문에 인기 있는 이야기였다.

튜링 테스트는 쉽게 이해할 수 있으며, 그러면서 그 판정도 간단한 편이고, 실제로 튜링 테스트를 해 보는 것도 어렵지 않다. 그렇다 보니, 컴퓨터로 무엇인가를 만드는 사람들 사이에서 튜링 테스트는 도전하고 싶은 마음을 불러 일으키는 과제이기도 했다. 나 역시 어린 시절 한국 컴퓨터 잡지『마이컴』에 소개된 튜링 테스트에 대한 이야기를 보고 거기에 푹 빠져서 튜링 테스트에 도전하는 컴퓨터 프로그램을 만들어 보고 싶다는 생각을 한 적이 있었다. 실제로 나는 조잡한 수준의 대화하는 프로그램을 하나 만들어서 '철수'라는 이름을 붙이고 친구들에게 테스트를 받아 보았다.

물론 튜링 테스트의 한계도 있어 여러 가지 측면에서 다양한 문제들이 오랫동안 지적되고 있다. 논문에서 튜링은 지금 보면 좀 황당해 보이는 문제를 지적하기도 했다. 논문에는 사람이 텔레파시와 같은 초능력을 갖고 있는 경우가 가끔 있으므로 텔레파시를 사용하게 되면 기계와는 대화하는 방식이 저절로 달라질 것이므로 공정한 대결이 되지 않을 가능성이 있다는 대목이 나온다. 텔레파시와 초능력이 실제로 가능할지도 모른다는 점을 태연히 언급하며 넘어가는 대목을 보면, 튜링이 당시에 유행하던 새로운 발상에 과도할 정도로 열려 있었던 사람일 거라는 생각도 하게 된다.

　　더 진지하고 실질적으로 튜링 테스트의 한계를 공격한 이야기들도 적지 않다. 예를 들어, 사람이 대화할 때 보통 대화가 어떤 식으로 흘러가는지 가능한 한 모든 경우를 최대한 많이 예상해서 미리 뭐라고 답할지 누군가 미리 다 써 둔다고 생각해 보자.

　　사람이 한 평생 말하는 모든 대화를 다 기록해 놓는다고 해도 그 용량은 몇 기가바이트 정도밖에 되지 않는다. 따라서 용량이 넉넉한 하드디스크를 꽉 채울 정도로 사람이 대화하면서 주고받을 수 있는 가능한 한 모든 경우를 최대한 다 집어 넣어 둔다면 몇 분, 몇 십 분 정도 사람이 대화하면서 나눌 수 있는 온갖 시나리오들을 미리 다 만들어 놓을 수도 있을 것이다. 그렇다면, 사람처럼 대화하는 컴퓨터라고 해서 뭐 대단한 프로그램을 사용할 필요도 없이 그런 어마어마한 경우의 수를 모두 생각해서 할 말을 다 기록해 놓은 하드디스크를 검색해서 맞아 떨어지는 것을 찾아내고 그대로 따라하기만 하면 된다.

　　그러니까 간단한 사전 검색 기능 정도만 있는 컴퓨터일 뿐이지만 예상 대화를 기록해 놓은 자료만 아주아주 많다면 튜링 테스트에서 사람과 구분하기 어려운 대화를 할 수 있다는 것이다. 과연 이 컴퓨터가 인공지능이고, 지능이 있다고 할 수가 있을 것인가? 이런 식의 생각을 발전시켜 지능에 대한 관념의 다른 측면을 강조한 이야기가 바로 존 설(John Searle)의 '중국어 방(Chinese room)' 논변(argument)이다. 중국어 방 이야기 같은 탐구가 진행되면서 과연 인간의 지

능이란 무엇이며, 지능이나 지능을 갖고 있는 듯한 행동에
대해 우리가 어떤 태도를 취해야 하는지에 대한 발상은 점
점 더 복잡하고 다양해질 수 있었다.

앨런 튜링은 1954년 40대 초반의 젊은 나이로 세상을 떠났
다. 그런데 튜링 테스트는 긴 세월이 지나는 동안에도 다양
한 형태로 다시 우리 곁에 돌아오고 있다. 특히 컴퓨터 기술
이 발전한 요즘에는 인간의 지능에 도전한다거나 지능의 의
미를 묻는 심각한 관점에서 살짝 벗어나서 가벼운 즐길거
리와 친근한 재밋거리로 튜링 테스트가 영향을 미치고 있는
것 같다.

　　컴퓨터와 이런저런 대화를 하면서 편하게 필요한 작업
을 하게 해 주겠다는 인공지능 비서나 인공지능 스피커는
정말로 사람을 꼭 같이 흉내 내는 컴퓨터에 도전하지 않는
다. 대신에 오히려 컴퓨터 프로그램이라는 점을 밝히며 농
담을 하기도 하고 너스레를 떨기도 한다. 휴대전화 인공지
능에게 "어느 전화기가 제일 좋아?"라고 물어보면, "뭐라고
요? 다른 전화기를 살펴 보겠다고요?"라고 대답한다는 등의
이야기는 인기가 있다.

　　게다가 튜링 테스트뿐만 아니라 논문 말미에서 튜링이
짧게 언급한 기계의 학습 능력에 대한 제안도 지금 다시 보
면 눈길을 사로잡는다. 주어진 자료에서 기계가 스스로 어
떤 원리나 규칙을 찾아내며 학습해 나가는 방식은 기계 학
습(machine learning)이라는 이름으로 현대 인공지능 기술

의 대표적인 주류로 자리 잡고 있는 것이다.

튜링의 논문은 발표 60년이 지난 요즘 산업계와 생활에 새로운 의미를 보여주고 있는 셈이다. 그렇다면 자유로운 생각으로서 지금은 멀어 보이는 미래를 미리 진지하게 연구하는 활동의 가치에 대해서도 한번 더 떠올려 보게 된다.

　　1950년대 초 SF물에서는 인공지능 로봇과 기계 두뇌에 대한 이야기가 유행처럼 쏟아졌다. 그렇다 보니 세상에는 "컴퓨터는 인공으로 만든 두뇌 비슷한 것이다."라는 생각이 많이 퍼져 나가고 있었다. 그런 상황에서 당시 과학자나 전문가들에게는 "컴퓨터는 시킨 일만 규칙대로 처리하는 기계일 뿐이며 사람의 두뇌와는 아주 다르다."고 대답하는 것이 전문가다워 보이는 모범적인 태도였던 것 같다. 그런데 튜링은 거기에서 벗어나서 과감하게 "뭐, 컴퓨터가 인공 두뇌 비슷하게 될 수도 있지요."라고 말하는 쪽이었다. '디지털 컴퓨터가 생각할 수 있을까?'라는 제목의 BBC 라디오 강연에서 튜링은 자신이 쌓아 온 컴퓨터에 대한 이론을 차분히 펼쳐 나가면서도 결국 어느 정도의 인공지능이 가능하며 컴퓨터로 인공지능을 만들어 볼 수 있을 것 같다는 공상처럼 들릴 꿈을 똑똑히 밝혔다.

　　이것은 생각하는 기계나 기계가 사람 흉내를 내는 것에 대해 단순히 몽상적인 생각을 늘어놓으며 괜히 사람들을 겁주고 선동하거나, 혹은 그저 사상적인 탐구로만 달라 붙는 것과는 또 다른 느낌이다. 나는 기술을 잘 알고 있는 사람이 자신의 생각을 후련하게 밀고 나가 보는 방식으로 미래를 따져 나가는 데는 색다른 점이 있다고 생각한다. 인식론의 심오한 세계를 고전 속에서만 탐구한 학자가 아니라, 암호 해독 장치에 들어갈 부품과 회로를 자기 손으로 직접 만들어 실험해 보던 튜링이 지능의 의미에 대해 고민한 이야기가 특히 절묘했다는 점은 주목해 볼 만하다고 본다.

그런 저런 생각을 하다 보면, 지금 우리도 앞으로 60년 후의 미래에 대한 상상을 보다 가까운 현실로 살펴볼 필요가 있다는 주장에도 나는 관심을 갖게 된다. 예를 들면 지금 정부 기관이나 국회에서 사람과 매우 비슷한 인공지능 로봇이 나타난다면 인권 비슷한 것을 어느 정도로 인정해 줄 것인지, 혹은 화성을 개척한다고 할 때 부동산에 대한 권리를 어떻게 정해 줄 것인지, 등등의 미래 문제에 대해 대략적으로라도 원칙을 미리 세우고 발표하는 것이 나는 무척 해 볼 만한 일이라고 생각한다. 단순히 보아 대한민국 정부는 이렇게 미래를 향해 앞서 나가고 있다고 광고하는 효과가 있을 뿐만 아니라, 급변하는 기술 사회에서 예상치 못하게 닥칠 비슷한 여러 다른 문제에 대해서 누가, 어떤 원칙으로 대응해 나가야 할지에 대해 방향을 제시하는 실질적인 일이 될 수도 있다고 본다.
　　튜링의 논문이 지능이란 무엇이냐는 문제 그 자체에 대한 생각을 더 깊게 해 주었던 것처럼, 그런 공상에 가까운 논의들도 결국은 지금 우리 사회의 규범과 원칙이 어떻게 서

야 하는지에 대해서도 새로운 시각을 열어 줄 수 있을 거라
고 생각한다.

1

지능을 가진 기계
Intelligent Machinery

1948년 영국 국립물리학연구소에 제출한 보고서.

나는 '기계가 지능적 행동을 보이는 것이 가능한가?'라는 물음에 대한 탐구를 제안한다. 대다수 사람들은 이 물음을 논증하지도 않고 불가능하다고 치부하는데, '기계처럼 행동한다', '순전히 기계적인 행동' 같은 상투적 문구가 이런 통념을 잘 보여준다. 왜 이런 태도가 생겼는지는 쉽게 알 수 있다. 몇 가지 이유를 들어 보겠다.

(a) 지적 능력 면에서 인류의 경쟁 상대가 등장할 수 있다는 가능성을 인정하기 싫은 거부감. 이런 거부감은 지식인들에게서도 많이 찾아볼 수 있는데, 그들은 잃을 것이 많기 때문이다. 가능성을 인정하는 사람들도 그 가능성이 현실화되면 매우 불쾌하리라는 데는 다들 동의한다. 하지만 우리가 다른 동물 종에게 밀려날 가능성도 이와 마찬가지다. 이것은 기계의 경우 못지않게 불쾌하며 그 이론적 가능성은 이론의 여지가 없다.

(b) 지능을 가진 기계를 만들려는 시도가 프로메테우스적 신성모독이라는 종교적 믿음.

(c) 최근(이를테면 1940년)까지도 기계의 용도가 매우 제한적이었다는 사실. 이는 기계가 극히 단순하고 (아마도) 심지어 반복적인 작업밖에 하지 못한다는 믿음을 부추겼다. 이 사고방식은 도러시 세이어즈의 『창조자의 정신』에 잘 나타난다. "하나님이 우주를 창조한 후 세상에 뚜껑을 덮어씌우고는 선반에

두 발을 올려놓고 편하게 쉬고 있다고 주장하는 사
상가들도 있다. 그러나 아우구스티누스의 분류에
따르면 이런 사상가들은 전혀 존재하지 않는 것을
근거로 알쏭달쏭한 말을 내뱉는 사람들이다. 창조
자가 물러난 후에도 스스로 온갖 것을 만들어 내는
창조물을 본 적이 있는가! 이런 사상가들은 하나님
이 커다란 기계를 만들어 놓고, 연료가 떨어질 때까
지 그 기계가 혼자서 작동하도록 내버려 두었다고
주장하는 셈이다. 우리는 스스로 온갖 것을 만들어
내는 기계를 지금껏 본 적이 없다. 따라서 이런 비유
는 잘못된 것이다. 기계는 처음부터 끝까지 똑같은
것을 반복해서 생산해낼 뿐이다."[1]

(d) 최근 괴델 정리 및 관련 논변(괴델[2], 처치[3], 튜링[4])
에서는 수학 정리의 참이나 거짓을 판단하려고 기
계를 이용할 때 이따금 나타나는 잘못된 결론을 감
수하지 않으면 그런 기계는 경우에 따라 아무 대답
도 내놓지 못할 것임을 밝혔다. 이에 반해 인간의 지
능은 기계가 동원할 수 있는 방법을 '초월'하는 문
제를 맞닥뜨렸을 때 점점 효과적인 방법을 찾아낼
수 있는 듯하다.

(e) 기계의 지능은 창조자의 지능이 반영된 것에 지나
지 않는다고 보아야 한다.

[1] 『창조자의 정신』, 한국기독학생회출판부, 2007, 76~77쪽. -옮긴이
[2] K. Gödel, 'Über formal unentscheidbare Sätze der Principia Mathematica und verwandter Systeme I', *Monatshefte für Mathematik und Physik*, 38 (1931), 173–98.
[3] A. Church, 'An Unsolvable Problem of Elementary Number Theory', *American Journal of Mathematics*, 58 (1936), 345–63.
[4] 「계산 가능한 수On Computable Numbers, with an Application to the Entscheidungsproblem」(1장).

2. 몇 가지 반론에 대한 재반박[5]

이 절에서는 앞에서 소개한 반론에 구애받을 필요가 없는 이유를 간략하게 설명한다. 반론 (a)와 (b)는 순전히 심정적이어서 반박할 필요도 없다. 반박하려 해봐야 말이 통하지 않을 것이다. 지능을 가진 기계를 실제로 만들어 보이면 어느 정도 효과가 있을 테지만. 그렇다면 그런 주장에 휘둘리는 한 우리는 여전히 지능을 가진 기계라는 개념 전체에 대해, 적어도 지금으로서는 다소 불편함을 느낄 수밖에 없다. 두 논변을 완전히 무시할 수 없는 이유는 '지능'이라는 개념 자체가 수학적이라기보다는 심정적이기 때문이다.

소박한 형태의 반론 (c)는 반복되지 않는 엄청난 양—이를테면 에이스(ACE)[6]의 경우 $10^{60,000}$—의 작업을 고장 없이 실행할 수 있는 (에니악 같은) 기계가 실제로 존재한다는 사실로 단박에 반박된다. 이 반론의 정교한 형태는 11절과 12절에서 자세히 살펴볼 것이다.

괴델 및 그 밖의 정리에서 비롯하는 논변(반론 (d))의 기본 바탕은 기계가 실수를 저질러서는 안 된다는 조건이다. 하지만 이것은 지능의 조건이 아니다. 어린 가우스가 학교에서 15+18+21+…+54(또는 이와 비슷한 식)를 구하라는 과제를 받고 대뜸 483을 적어 냈다는 이야기가 있다. 아마도 (15+54)(54-12)/(2×3)으로 풀었을 것이다. 우리는 우둔한 교사가 학생에게 15와 18을 더하여 33을 얻고 거기에 21을 더하라고 말하는 상황을 상상할 수 있다. 어떤 관점에서

---

[5] 이 보고서 원문의 소제목은 2번으로 시작된다. -옮긴이

[6] 자동계산기관(Automatic Computing Engine):
국립물리학연구소(National Physical Laboratory)에서 개발한 프로그램 내장형 전자식 디지털 컴퓨터로, 튜링이 개발에 참여했다. -옮긴이

보면 교사의 행위는 명백한 지능을 보여주지만 '실수'일 것이다. 또는 학생이 더하기 문제를 받았는데 처음 다섯 문제는 올바른 등차수열이었지만 여섯 번째 문제가 (이를테면) 23+34+45+⋯+100+112+122+⋯+199인 경우를 상상해 볼수도 있다. 가우스는 제9항이 111이 아니라 112라는 사실을 알아차리지 못한 채 등차수열로 착각하여 계산했을지도 모른다. 이것은 분명히 실수이지만, 덜 똑똑한 학생은 저지르지 않았을 실수다.

기계에 들어 있는 지능은 창조자의 지능이 반영된 것에 불과하다는 (e) 견해는 학생의 발견에 대한 공로를 교사에게 돌려야 한다는 견해와 꽤 비슷하다. 하지만 그런 경우 교사는 자신의 교육이 성공한 것에 보람을 느끼긴 하겠지만 (자신이 그 발견을 실제로 학생에게 전수하지 않았다면) 스스로 공치사를 하지는 않을 것이다. 그는 학생이 어떤 성과를 거둘 것인지 매우 막연하게 떠올렸을 수는 있었어도 정확히 예견할 수는 없었을 것이다. 이런 상황을 소규모로나마 연출하는 기계를 만드는 일은 이미 가능하다. 체스를 두는 '종이 기계'를 만들 수도 있다. 이런 기계와 맞붙으면 우리는 생명이 있는 것을 상대로 지력을 겨룬다는 느낌을 분명히 받게 된다.

이 견해들은 뒤에서 더 꼼꼼하게 발전시킬 것이다.

3. 기계의 변종

지능을 가진 기계를 만드는 방법에 대해 논의하려면 우선 기존 기계들을 일컫는 용어를 소개해야 한다.

'이산' 기계('Discrete' machinery)와 '연속' 기계('Continuous' machinery). 기계의 가능한 상태가 이산 집합일 때, 즉 기계의 동작이 한 상태에서 다른 상태로 도약하는 것일 때 그 기계를 '이산적'이라고 부른다. 이에 반해 '연속' 기계의 상태는 연속선상에 있으며 기계의 행동은 곡선으로 나타난다. 모든 기계는 연속적인 것으로 간주할 수 있지만, 만일 이산적인 것으로 간주할 수 있을 때는 그렇게 하는 게 대개 최선이다. 이산 기계의 상태는 '구성configuration'이라고 부를 것이다.

'제어' 기계('Controlling' machinery)와 '능동' 기계('Active' machinery). 정보를 다루는 기계는 '제어' 기계로 부를 수 있다. 현실에서 이 조건은 (브라운 운동 등으로 인해 혼동이 일어나지 않는 한) 기계가 일으키는 효과의 크기를 우리가 원하는 만큼 작게 할 수 있다는 말과 거의 비슷하다. '능동' 기계는 뚜렷한 물리적 효과를 내기 위한 기계다.

예) 불도저

전화	연속 능동 기계
탁상 계산기	연속 제어 기계
뇌	이산 제어 기계
에니악, 에이스 등	(아마도) 연속 제어 기계이지만, 많은 이산 기계와 매우 비슷하다
미분 해석기	이산 제어 기계
	연속 제어 기계

우리의 주 관심사는 이산 제어 기계가 될 것이다. 앞에서 말했듯 뇌는 이 범주에 거의 부합하며, 기본적 속성을 거의 바꾸지 않고도 완벽한 이산 기계로 여길 만한 이유가 얼마든지 있다. 하지만 '이산적'이라는 속성은 이론적 탐구에만 유리하며 진화적 목적에는 전혀 기여하지 않으므로, 자연이 우리를 위해 참으로 '이산적'인 뇌를 만들어 내리라 기대할 수는 없다.

　　어떤 이산 기계가 주어졌을 때 우리가 가장 먼저 알아내고 싶은 것은 상태(구성)를 몇 개나 가질 수 있느냐다. 이 개수는 무한할—하지만 가산적(enumerable)일—수 있는데, 이 경우 기계는 기억(또는 저장) 용량이 무한하다고 말할 수 있다. 기계의 가능 상태가 유한수 N이면 기계의 기억 용량은 $\log_2 N$비트라고—또는 이에 해당한다고—말할 수 있다. 이 정의에 따른 매우 개략적인 용량표는 아래와 같다.

탁상 계산기	90
카드가 없고 프로그램이 고정된 에니악	600
카드가 있는 에니악	∞
에이스(이론상)	60,000
맨체스터 기계(1948년 7월 8일 현재)	1,100

기계의 기억 용량은 얼마나 복잡한 행동을 할 수 있는가를 결정하는 가장 중요한 요소다.

　　직전 상태의 함수로서의 기계 상태(구성)와 이에 해당

하는 외부 데이터가 있으면 이산 상태의 행동을 완벽하게 서술할 수 있다.

논리 계산 기계 Logical Computing Machine(LCM)

「계산 가능한 수」에서는 특정한 유형의 이산 기계를 묘사했다. 이 기계는 길이가 무한한 테이프에 네모 칸이 그려져 있고 각 칸에 기호를 인쇄하는 방식으로 무한한 기억 용량을 가진다. 어느 시점에든 기계에는 한 개의 기호가 있는데 이것을 '판독 기호(scanned symbol)'라 한다. 기계는 판독 기호를 바꿀 수 있으며 기계의 행동은 부분적으로 그 기호에 의해 결정되지만, 테이프의 나머지 칸에 있는 기호는 기계의 행동에 아무런 영향을 미치지 않는다. 하지만 테이프는 기계 앞뒤로 이동할 수 있는데, 이것은 기계의 기본적 동작 중 하나다. 따라서 테이프의 기호들은 모두 언젠가는 쓰일 기회가 있다.

여기서는 이런 기계를 '논리 계산 기계'라고 부를 것이다. 이 기계들이 우리의 관심을 끄는 것은 시간과 저장 용량이 무한히 허용될 경우에 무엇을 기계가 하도록 설계하는 것이 이론상 가능한지 탐구할 때다.

만능 논리 계산 기계 Universal Logical Computing Machine(ULCM).

LCM은 매우 표준적인 방식으로 서술(description)할 수 있으며 그 서술을 특수한 기계가 '이해'(적용)할 수 있는 형태로 표현할 수 있다. 특히 LCM이면서 다른 LCM의 표준적

서술을 외부에서 다른 빈 테이프에 기입하고 원래 기계의
동작을 수행하는 '만능 기계'를 설계할 수 있다. 자세한 내용
은 「계산 가능한 수」를 참고하라.

만능 기계의 중요성은 분명하다. 우리는 무수히 많은
기계가 저마다 다른 작업을 하도록 할 필요가 없다. 하나면
충분하다. 다양한 작업을 위해 다양한 기계를 만들어 내야
하는 공학적 과제는 이 작업들을 실행하는 만능 기계를 '프
로그래밍' 하는 서류 작업으로 대체된다.

현실에서 LCM은 '주먹구구식 규칙'이나 '순전히 기계
적'이라는 말로 표현되는 작업을 무엇이든 할 수 있음이 밝
혀졌다. 주지하다시피 논리학계에서는 'LCM으로 계산 가
능'이라는 말이 이런 문구를 정확하게 표현했다는 것에 공
감대가 형성되어 있다. 그런데 수학적으로 동일하면서도 겉
보기에는 전혀 다른 표현이 몇 가지 있다.

실용 계산 기계 Practical Computing Machine(PCM)

LCM은 어림법 절차로 이루어지는 작업을 무엇이든 할 수
있지만 어마어마하게 많은 단계를 거쳐야 한다. 주된 원인
은 기억이 테이프에 배열되는 방식으로, 한꺼번에 이용되어
야 하는 두 가지 정보가 테이프상에서 멀찍이 떨어져 저장
될 수 있기 때문이다. 저장된 표현을 압축하는 것은 별로 효
과가 없다. 이를테면 숫자를 표현하는 데 필요한 기호의 개
수에 정해진 한계가 없는 것은 아라비아 형식(예: 149056)
이나 '축약된 로마 숫자' 형식(I가 149,056개인 IIIII …… I)

이나 마찬가지다. 아라비아 숫자 대신 축약된 로마 숫자를 쓰는 것은 규칙이 훨씬 단순하기 때문이다.

　하지만 현실에서는 자신이 다루게 될 숫자에 유한한 한계를 부여할 수 있다. 이를테면 실제 기계를 통해 계산에서 허용되는 단계의 개수에 다음과 같이 한계를 부여할 수 있다. 저장 체계가 용량 $C = 1\mu f$(마이크로패럿)인 축전기를 이용하고 우리가 $E = 100V$와 $-E = -100V$의 두 충전 상태를 이용한다고 가정하자. 축전기에서 전달되는 정보를 이용하고 싶으면 전압을 관찰해야 한다. 관찰되는 전압은 열교란 때문에 언제나 약간의 오차가 있으며 V볼트와 $V-dV$볼트 사이의 오류 확률은 아래와 같다.

$$\sqrt{\frac{2kT}{\pi C}}\, e^{-\frac{1}{2}V^2 C/kT}\, V dV\,^{[7]}$$

이때 k는 볼츠만 상수다. 위에서 제시한 값을 취하면 전압 신호를 틀리게 읽을 확률은 약 $10^{-1.2\times10^{16}}$이다. 어떤 작업에 $10^{10^{17}}$ 이상의 단계가 필요하다면 오답을 얻을 것이 거의 확실하며, 따라서 이 기계가 할 수 있는 작업은 단계의 개수가 그보다 적은 것으로 한정된다. 이 정도의 규모로도 쓸 만한 단순화 효과를 얻을 수 있다. 더 현실적인 한계를 얻기 위해서는 빛이 각 단계 사이에서 적어도 1cm 이동해야 하고 우리가 답을 얻겠다고 100년 이상 기다릴 수 없다고 가정하면 된다. 이렇게 하면 한계는 10^{20} 단계다. 저장 용량에도 비슷한 한계가 있을 것이므로, 우리는 주어진 데이터를 찾을 수 있는 위치를 서술하는 데 20자리의 십진수를 이용할 수 있으며 이는 실로 엄청난 가능성이다.

일반적으로 '자동 디지털 계산 기계'로 알려진 유형의 기계들은 이 가능성을 곧잘 요긴하게 써먹으며 많은 양의 저장된 정보를 테이프와 전혀 다른 매체에 집어넣는다. 전화 교환기를 떠올리게 하는 시스템을 이용하면 정보 저장소 내 위치를 '호출'하여 거의 즉시 정보를 얻을 수 있다. 시스템에 따라서는 지연 시간이 몇 마이크로초에 불과할 수도 있다. 이런 기계를 '실용 계산 기계'라 부를 것이다.

만능 실용 계산 기계
Universal Practical Computing Machine (UPCM)

현재 제작중인 PCM은 거의 모두 앞에서 언급한 '만능논리계산' 기계의 기본 성질을 가지고 있다. 현실에서 LCM으로 할 수 있는 작업은 무엇이든 이 디지털 컴퓨터로도 할 수 있다. 각각의 작업을 할 수 있는 디지털 컴퓨터를 따로따로 설계할 수 있다는 말이 아니라, 디지털 컴퓨터—이를테면 에이스—하나만 가지고서 적절한 프로그래밍을 통해 모든 작업을 할 수 있다는 말이다. 프로그래밍은 순전히 서류 작업이다. 그렇다면 에이스 같은 디지털 컴퓨터의 저장 용량이 무한히 확장되면 정말로 만능일까, 라는 의문이 자연스럽게 떠오를 것이다. 나는 이 물음을 탐구하여 다음과 같은 답을 얻었다(그에 대한 형식적 수학 정리는 하나도 입증하지 못했지만). 앞에서 설명했듯 에이스는 현재 메모리상의 위치를 표현할 때 유한한 숫자열(1947년 9월 현재 9비트)을 이용한다. (다른 목적에는 대체로 32비트를 이용한다.) 메모리가 현재 용량의 (이를테면) 1,000배로 확장되면 9비트로 처리할 수 있는 (거의) 최대 용량의 블록으로 메모리를 배열하고 시시때때로 이 블록에서 저 블록으로 메모리를 자연스럽게 전환할 수 있을 것이다. 결코 전환되지 않는 (비교적 작은) 부분도 있을 것이다. 여기에는 더 기본적인 명령표 일부와 전환 관련 부분이 포함된다. 이 부분을 '중앙부'라고 부를 수 있으리라. 그렇다면 임의의 시점에 어떤 블록이 사용 중인지 나타내는 숫자가 필요할 것이다. 하지만 이 숫자의 크기는 원하는 만큼 커질 수 있을 것이다. 급기야 워드(32자릿수)에도, 심지어 중앙부에도 저장할 수 없는 시점에 이를 것이다. 그러면 숫자를 저장하거나 (심지어) 블록의 연쇄—이를테면 블록 1, 블록 2, … 블록 n—를 저장하는 블록을 따로 마련해야 할 것이다. 그런 다음 n을 저장해야 하며, 이론상 그 크기는 무한하다. 이런 종류의 과정은 모든 방식으로 확장될 수 있지만, 우리에게 남는 것은 언제나 크기가 정해지지 않고 어딘가에 저장되어야 하는 양의 정수일 것이며 '테이프'를 도입하는 것 말고는 이 어려움에서 벗어날 방법이 없는 듯하다. 하지만 이렇게 했다면, 그리고 우리의 목표는 단지 이론적 결론을 입증하는 것이므로 정리를 증명하면서 나머지 모든 저장 형태는 무시해도 무방할 것이다. 이것은 몇 가지 복잡한 요소가 있는 ULCM인 셈이다. 사실상 이

것은 지적으로 만족스러운 결론을 입증할 수 없으리라는 뜻
이다.

종이 기계 Paper machine

절차 규칙의 집합을 적어 사람으로 하여금 이를 실행하도록
함으로써 계산 기계의 효과를 낼 수 있다. 사람과 서면 명령의
이런 조합을 '종이 기계'라고 부를 것이다. 종이, 연필, 지우개
를 가지고서 엄격한 규칙에 따라 일하는 사람은 사실상 만능
기계다. '종이 기계'라는 표현은 뒤에서 곧잘 쓰일 것이다.

불완전 무작위 기계와 표면상 불완전 무작위 기계

위에서 설명한 유형의 이산 기계에 대해 일부 단계에서 몇
가지 대안적 작업을 허용하되 그 작업들을 무작위 과정으로
선택하여 기계를 변경할 수 있다. 이런 기계는 '불완전 무작
위 기계(partially random machine)'로 불릴 것이다. 어떤 기
계가 이런 종류에 속하지 않는다고 분명히 말하고 싶을 때
는 '결정론적 기계(determined machine)'라고 부를 것이다.
이따금, 엄밀히 말해서 결정론적이지만 겉보기에는 불완전
무작위인 것처럼 보이는 기계가 있다. 이를 위해서는 주사
위를 던지거나 그에 해당하는 전자 장치를 이용하지 않고
(이를테면) π의 숫자를 이용하여 불완전 무작위 기계의 선
택을 흉내 내도록 하면 된다. 이 기계는 '표면상 불완전 무작
위 기계(apparently partially random machine)'라고 불린다.

4.   비정형 기계

지금까지 우리는 일정한 목적을 위해 설계된 기계를 살펴보았다(만능 기계는 어떤 면에서 예외이기는 하지만). 이제는 일종의 표준 부품을 가지고 비교적 비체계적으로 기계를 만들 때 어떤 일이 일어나는지 살펴보자. 우리는 이런 성질을 가진 특수한 기계를 들여다보고 어떤 일을 할 수 있는지 알아볼 것이다. 이렇게 대체로 임의적으로 제작되는 기계를 '비정형 기계(unorganised machine)'라고 부를 텐데, 이것이 정확한 용어라고 우길 생각은 없다. 똑같은 기계를 어떤 사람은 정형 기계로 여기고 또 어떤 사람은 비정형 기계로 여기는 상황을 얼마든지 상상할 수 있다.

비정형 기계의 대표적 예는 다음과 같을 것이다. 그 기계는 매우 많은 개수인 N개의 비슷한 소자(unit)로 이루어진다. 각 소자는 입력단이 두 개 있으며, 다른 소자의 (0개 이상의) 입력단과 연결될 수 있는 출력단이 한 개 있다. 각각의 정수 r, $1 \leq r \leq N$에 대해 두 수 $i(r)$와 $j(r)$가 $1 \cdots N$에서 임의로 선택되며 소자 r의 입력단이 소자 $i(r)$와 $j(r)$의 출력단에 연결된다고 상상할 수 있다. 모든 소자는 중앙 동조 장치에 연결되는데, 여기에서는 동조화 펄스가 거의 같은 시간 간격으로 방출된다. 이 펄스가 도달하는 시각을 '모멘트'라고 부를 것이다. 각 소자는 각 모멘트에 두 개의 상태를 가질 수 있다. 이 상태를 0과 1이라고 부를 수 있을 것이다. 상태를 결정하는 규칙은 이렇다. '입력단에 연결된 소자들의 상

태를 이전 모멘트에서 취하여 서로 곱한 뒤에 그 결과를 1에
서 뺀다.' 이런 성격을 가진 비정형 기계를 아래 도표에 나타
냈다.

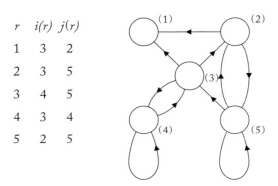

r	i(r)	j(r)
1	3	2
2	3	5
3	4	5
4	3	4
5	2	5

기계 전체가 가질 수 있는 여섯 개의 연속된 조건열은 아래
와 같다.

1	1	1	0	0	1	0
2	1	1	1	0	1	0
3	0	1	1	1	1	1
4	0	1	0	1	0	1
5	1	0	1	0	1	0

소자 개수가 이렇게 적으면 기계는 매우 단순한 행동밖에 못 하지만, 소자 개수가 많으면 매우 복잡한 행동을 할 수 있다. 이런 기계를 'A형 비정형 기계'라 부를 수 있을 것이다. 그렇다면 위 도표의 기계는 소자가 5개인 A형 비정형 기계다. 물론 소자가 N개인 A형 기계의 동작도 결국에는 메모리 용량이 유한한 결정론적 기계와 마찬가지로 주기적이다. 주기는 2^N 모멘트를 초과할 수 없으며 주기 동작이 시작되기 전까지의 시간도 마찬가지다. 위의 예에서 주기는 2모멘트이며 주기 동작이 시작되기 전까지의 시간은 3모멘트다. 2^N은 32다.

　　A형 비정형 기계는 임의로 배열된 신경 세포의 신경계를 모사하는 가장 단순한 모형으로서 흥미를 끈다. 따라서 이 기계의 행동을 파악하는 것은 매우 큰 관심사일 것이다. 이제 두 번째 유형의 비정형 기계를 설명할 텐데, 이것은 그 자체로 중요해서가 아니라 나중에 설명에 요긴할 것이기 때문이다. 아래 그림에서 보듯 왼쪽 회로를 오른쪽처럼 축약하여 표현하도록 하자.

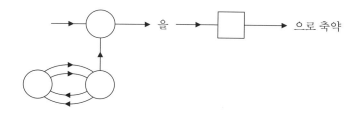

그러면 각각의 A형 비정형 기계에 들어 있는 각각의 연결 ──●──을 ──●──□──●──로 대체하여 또 다른 기계를 구성할 수 있다. 이렇게 탄생한 기계는 'B형 비정형 기계'라고 부를 것이다. B형 기계는 모두 A형이라고 말할 수 있을지도 모르겠다. 이에 대해 나는 위의 정의가 (올바르게—하지만 무미건조하게!—내려졌다면) 주어진 집합에 속하는 A형(또는 B형) 기계의 확률을 서술하는 형태일 것이라고 답할 것이다. 이것은 단지 어느 것이 A형 기계이고 어느 것이 B형 기계인가에 대한 정의가 아니다. 일정한 개수의 소자를 가진 A형 기계를 임의로 선택했을 때 B형 기계를 얻을 가능성은 극히 희박하다.

연결 ──●──□──●──가 세 가지 조건을 가질 수 있음은 쉽게 알 수 있다. 이 연결은 i) 모든 신호에 대해 0과 1을 뒤바꿔 통과시킬 수 있고 ii) 모든 신호를 1로 바꿀 수도 있고 iii) 한 모멘트에서는 i)이 되었다 다음 모멘트에서는 ii)가 되었다 할 수도 있다. (이런 iii)은 두 하위 조건이 있다.) 이 중 어느 것이 적용되는가는 초기 상태에 의해 결정된다. ──●──□──●──를 통과하는 데는 두 모멘트의 지연이 발생한다.

5. 기계에 대한 개입. 가변형 및 자변형 기계

지금까지 주로 살펴본 유형의 기계는 정해지지 않은 시간 동안 외부의 개입 없이 스스로 계속해서 작동하는 것이 허용되는 기계였다. 만능 기계는 모방되는 기계의 서술을 때에 따라 바꿀 수 있다는 점에서 예외다. 이제 이런 개입이 예외라기보다는 규칙인 기계를 살펴보자.

우리는 두 종류의 개입을 구별할 것이다. 극단적 형태에서는 기계의 부품들이 제거되어 다른 부품으로 교체된다. 이것을 '나사돌리개 개입'이라고 부를 수 있겠다. 저울의 반대쪽 끝에는 '종이 개입'이 있는데, 이것은 단지 기계와 통신하는 정보를 바꿔 기계의 행동을 바꾼다. 만능 기계의 속성으로 보건대 두 종류의 기계가 극단적으로 다르다고 간주할 필요는 없다. 종이 개입은 만능 기계에 적용할 경우 나사돌리개 개입만큼 요긴할 수 있다.

우리는 종이 개입에 주로 관심을 둔다. 나사돌리개 개입은 전혀 새로운 기계를 어렵지 않게 만들어 낼 수 있으므로 그에 대해서는 할 말이 별로 없다. 앞으로 특별한 언급이 없는 한 '개입'은 '종이 개입'을 뜻한다.

기계의 행동을 극단적으로 바꿀 수 있으면 그 기계는 '가변형(modifiable)' 기계라고 부를 수 있다. 이것은 상대적 개념이다. 한 기계가 다른 기계보다 더 가변적이라고 말할 수 있기 때문이다.

이따금 스스로를 변경하거나 자신의 명령을 바꾸는 기계에 대해서도 이야기할 텐데, 실제 어법에는 맞지 않지만 편리한 방법이다. 물론 우리의 관례에 따르면 '기계'는 잇따른 모멘트에서 가능한 구성들 사이의 관계로 완벽하게 서술된다. 기계는 정의의 형식에 의해 시간이 지나도 바뀔 수 없는 추상물이다. 하지만 기계가 특정 구성에서 출발한다고 간주하면, 개입 없이는 도달할 수 없는 구성들을 배제하고 싶어질지도 모른다. 이렇게 하면 본디 속성과 다른 속성을 가진 구성들—따라서 다른 '기계'들—에 대해 '계승자 관계'를 인정하지 않을 수 없다.

이제 개입을 고려하자면, 우리는 개입이 일어날 때마다 기계가 아마도 바뀔 것이라고 말해야 하며 개입이 기계를 '변경'한다는 것은 이런 의미에서다. 기계가 자신을 변경할 수 있다는 말의 의미는 더더욱 감이 잡히지 않을 것이다. 우리는 (원한다면) 기계의 작동을 정상 작동과 자변(self-modifying) 작동의 두 범주로 나눌 수 있다. 정상 작동이 실행되는 한 우리는 기계가 바뀌지 않는다고 간주한다. 작동을 두 범주로 구분할 때 신중을 기하지 않는다면 '자변' 개념은 분명히 별 관심을 끌지 못할 것이다. 내가 염두에 둔 사례는 저장소의 대부분이 일반적으로 명령표 보관에 쓰이는 에이스 같은 계산 기계다. (UPCM에서의 명령표는 ULCM에서의 기계 서술에 해당한다.) 기계의 내부 작동에 의해 이 저장소 내용이 바뀔 때마다 우리는 당연히 기계가 '스스로 바뀐'다고 말할 수 있을 것이다.

6.   기계로서의 인간

생각하는 기계를 만들 수 있다고 믿을 만한 확실한 이유는 사람의 어떤 부위에 대해서든 이를 흉내 내는 기계를 만들 수 있다는 사실이다. 마이크가 귀를 흉내 내고 텔레비전 카메라가 눈을 흉내 내는 것은 이제 예사다. 서보 메커니즘의 도움을 받아 팔다리로 몸의 균형을 유지하는 원격 조종 로봇도 만들 수 있다. 여기서 우리의 주 관심사는 신경계다. 신경의 행동을 꽤 정확하게 모방하는 전기 모형을 만들 수는 있지만, 그것은 거의 무의미한 일이다. 바퀴로 굴러가지 않고 다리로 걷는 자동차를 만드느라 온갖 애를 쓰는 것과 마찬가지일 테니 말이다. 전자 계산 기계에 쓰이는 전기 회로는 신경의 본질적 속성을 가진 듯하다. 전기 회로는 정보를 이곳에서 저곳으로 전송할 수 있으며 저장할 수도 있다. 신경에 여러 이점이 있는 것은 분명하다. 신경은 매우 작고, 닳지 않으며—알맞은 매체에 보관하면 수백 년을 갈 것이다!—에너지 소비량이 매우 적다. 이 이점에 맞서 전자 회로가 내세울 수 있는 유일한 매력은 속도다. 하지만 이 이점은 하도 커서 신경의 이점들을 덮고도 남을 것이다.

　'생각하는 기계'를 만드는 일에 착수하는 한 가지 방법은 온전한 사람을 데려다 놓고 그의 모든 부분들을 기계로 대체하는 것이다. 그는 텔레비전 카메라, 마이크, 스피커, 바퀴, '조작용 서보 메커니즘', 일종의 '전자 두뇌'로 이루어질 것이다. 물론 이것은 엄청난 과업이다. 지금의 기술로 이런 대상을 만들면—심지어 '뇌' 부분을 고정시켜 원격으로 몸을 제어하도록 하더라도—크기가 어마어마할 것이다. 기계가 스스로 지식을 얻으려면 주변을 돌아다닐 수 있어야 하며, 일반인에게 위험을 일으킬 가능성도 크다. 게다가 위에서 언급한 장치를 탑재하더라도 그 피조물은 식량, 섹스, 스포츠를 비롯하여 인간의 관심사를 전혀 접하지 못할 것이다. 그러므로 이 방법은 생각하는 기계를 만드는 '확실한' 방법일지는 몰라도 너무 느리고 비현실적이다.

그보다는 (몸이 없기에 기껏해야 보고 말하고 듣는 기관만 달린) '뇌'로 무엇을 할 수 있는지 탐구할 것을 제안한다. 그러면 기계가 자신의 능력을 발휘하기에 알맞은 생각 분야가 무엇이냐는 문제가 제기된다. 내가 보기에는 아래 분야가 유망할 것이다.

   (i) 체스, 틱택토, 브리지, 포커 같은 게임
  (ii) 언어 학습
 (iii) 언어 번역
  (iv) 암호학
   (v) 수학

이 중에서 (i), (iv)는—정도는 덜하지만 (iii)과 (v)도—바깥 세상과 접촉할 필요가 거의 없다는 점에서 유리하다. 이를테면 기계가 체스를 둘 수 있으려면 특수 제작된 체스판의 위치를 구별할 수 있는 '눈'과 행마를 통보할 수단만 있으면 된다. 수학은 도표를 별로 활용하지 않는 분야로 한정하는 게 좋을 것이다. 위의 가능한 분야들 중에서 언어 학습이 가장 인상적일 텐데, 그것은 가장 인간적인 활동이기 때문이다. 하지만 이 분야는 감각 기관과 운동에 대한 의존도가 너무 커서 현실성이 낮다.

암호학 분야는 아마도 소득이 가장 클 것이다. 물리학
자가 푸는 문제와 암호학자가 푸는 문제 사이에는 뚜렷한
유사성이 있다. 메시지가 암호화되는 체계는 우주의 법칙에
대응하며 가로챈 메시지는 관측 가능한 증거에, 날짜나 메
시지에 해당하는 열쇠는 결정해야 하는 주요 상수에 대응한
다. 두 분야는 매우 비슷하지만, 암호학 문제는 이산 기계로
쉽게 처리할 수 있는 반면에 물리학은 만만치 않다.

7. 기계 교육

'온전한 사람'을 만든다는 계획은 포기했어도, 경우에 따라
서는 기계가 처한 상황과 사람이 처한 상황을 비교하는 것
이 유익할 것이다. 공장에서 갓 나온 기계가 대학 졸업생과
대등하게 경쟁하기를 바라는 것은 불공평하다. 대학 졸업
생은 20년 넘게 사람들과 접촉했으며 그 기간 내내 이 접촉
을 통해 자신의 행동 패턴을 변경했다. 교사도 그의 행동을
바꾸려고 의도적으로 노력했다. 그 기간이 지났을 즈음에
는 대량의 표준적 루틴이 뇌의 본디 패턴에 덧씌워졌을 것
이다. (이 루틴은 공동체 성원 모두가 이미 알고 있는 사실일
것이다.) 그런 다음 그는 이 루틴을 새롭게 조합해 보고 조금
씩 변화를 주고 새로운 방식으로 적용할 수 있다.

　　그렇다면 우리는 인간이 (만일 기계라면) 막대한 개입
을 겪는 기계라고 말할 수 있을 것이다. 사실 개입은 예외라
기보다는 규칙이다. 그는 다른 사람들과 자주 소통하며 시

각 자극을 비롯한 여러 자극을 끊임없이 받는데, 이것은 그 자체로 일종의 개입이다. 그가 개입 없는 기계와 비슷해지는 경우는 이런 자극이나 '주의 산만'을 없애려고 '몰두'할 때뿐일 것이다.

앞 절에서 보았듯 우리의 주 관심사는 개입이 비교적 적은 기계이지만, 몰두한 사람이 개입 없는 기계처럼 행동할 수 있을지는 몰라도 몰두했을 때의 행동은 대체로 이전의 개입으로 인해 조건화된 방식에 의해 결정된다는 사실을 명심하라.

지능 기계를 만들고자 한다면, 또한 인간 모형을 최대한 흉내 내고자 한다면, 우리는 정교한 작업을 해내거나 (개입의 형태를 띤) 명령에 똑바로 반응하는 능력이 거의 없는 기계에서 출발해야 한다. 그런 다음 알맞은 개입을 구사하고 교육을 모방함으로써 일정한 명령에 대해 일정한 반응을 어김 없이 나타낼 수 있을 때까지 기계를 변경할 수 있을 것이다. 이것이 교육 과정의 시작일 것이다. 하지만 지금은 이 문제를 더 파고들지는 않겠다.

8.   비정형 기계의 정형화

많은 비정형 기계는 어떤 구성에 도달하고 이후의 개입이 적절히 제한되면 정해진 목적을 위해 정형화된 기계처럼 행동한다. 이를테면 아래의 B형 기계는 무작위로 선택한 것이다.

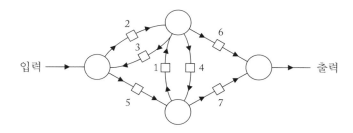

입력 →   출력

1번, 3번, 6번, 4번 연결이 처음에 조건 ii)에 있고 2번, 5번, 7번 연결이 조건 i)에 있다면 이 기계의 목적은 신호를 4모멘트의 지연 이후에 신호를 전달하는 것으로 간주할 수 있다. 이것은 B형(및 그 밖의 많은 유형) 기계―즉, 적절한 초기 조건이 주어지면 시간과 소자 개수가 충분할 경우 어떤 작업이든 해낼 수 있는 기계―의 매우 일반적인 속성을 보여주는 특수 사례다. 특히 소자가 충분한 B형 비정형 기계의 초기 조건 중에는 주어진 저장 용량을 가진 만능 기계를 만들 수 있는 조건이 있다. (이 효과에 대한 형식 증명은 흥미로울지도 모르며 심지어 특정한 비정형 B형 기계에서 출발하는 증명도 그럴 테지만, 주된 논변과 동떨어져 있으므로 여기서는 제시하지 않을 것이다.)

이 B형 기계에서는 적절한 초기 조건에서 개입이 일어날 가능성을 고려하지 않았다. 하지만 그렇게 할 수 있는 알맞은 방법을 생각해내는 것은 어려운 일이 아니다.

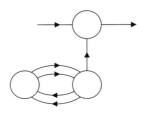

이를테면 위의 연결 대신 아래의 연결을 쓸 수 있다.

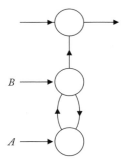

여기서 A와 B는 개입 입력으로, 대체로 신호 '1'을 보낸다. A 와 B에서 다른 적절한 신호를 보냄으로써 우리는 연결을 연 결 i)이나 ii)로, 또는 (원한다면) iii)의 두 형태 중 하나로 바 꿀 수 있다. 하지만 그러려면 각 연결에 대해 특수한 개입 입 력이 필요하다.

우리의 주 관심사는 독립적 입력이 전부 합쳐도 얼마 되지 않아서 기계의 '초기 조건'을 구성하는 모든 개입이 한

두 개의 입력을 통해 전달되는 경우다. 기계가 특정한 유용한 작업을 수행하도록 이 초기 조건을 구성하는 과정을 '기계의 정형화'라고 부를 수 있다. 그러므로 '정형화'는 일종의 '변경'이다.

9.   비정형 기계로서의 피질

인간 뇌의 여러 부위는 명확한 목적에 맞는 명확한 신경 회로다. 이를테면 '중추'는 호흡, 재채기, 안구 운동 등을 제어하며 (조건 반사가 아닌) 모든 정식 반사는 뇌의 이 명확한 구조의 활동에서 비롯한다. 마찬가지로 형태와 소리를 기초적으로 분석하는 기관도 이 범주에 포함될 것이다. 하지만 뇌의 더 지적인 활동은 이런 바탕에서 다루기에는 너무 다채롭다. 영국과 프랑스의 언어가 다른 것은 뇌에서 프랑스어 부위와 영어 부위가 다르게 발달하기 때문이 아니라 같은 언어 부위가 서로 다른 훈련을 받았기 때문이다. 그렇다면 뇌─주로 피질─에는 기능이 대체로 정해지지 않은 커다란 부위가 있을 것이다. 유아에게서는 이 부위가 별 영향을 미치지 않기에 조율되지 않은 효과만 나타낸다. 하지만 성인에게서는 크고 합목적적인 효과를 발휘하는데, 이 효과는 아동기의 훈련에 따라 형태가 달라진다. 유아기의 임의적 행동 중에서 많은 부분은 성인기에도 남아 있다.

　　이 모든 현상은 유아의 피질이 비정형 기계이며 적절한 개입 훈련으로 정형화될 수 있음을 암시한다. 정형화는 기

계를 만능 기계나 그와 비슷한 것으로 바꿀지도 모른다. 그
렇다면 우리는 성인을 '적절한 언어로 제시되는 명령을—심
지어 매우 복잡하더라도—따르는 존재'로 간주할 수도 있
다. 그는 상식이 없으며 아무리 터무니없는 명령이라도 무
작정 따를 것이다. 명령을 완수했으면 그는 혼수상태에 빠
지거나, 밥을 먹으라 같은 상시적 명령을 따를 것이다. 이와
다르지 않은 피조물이 실제로 존재할 수는 있지만, 대다수
사람은 많은 상황에서 사뭇 다르게 행동한다. 하지만 만능
기계와의 유사성은 여전히 크며 이는 비정형 유아에서 만능
기계로 넘어가는 과정을 우리가 이해할 수 있음을 암시한
다. 이것을 온전히 이해하면 우리는 정형화 과정이 어떻게
변경되어 더 정상적인 마음을 만들어 내는지 훨씬 잘 이해
할 수 있을 것이다.

　　피질을 비정형 기계로 보는 시각은 진화와 유전학의 관
점에서 매우 만족스럽다. 매우 복잡한 유전자 계통이 없어
도 A형이나 B형의 비정형 기계 같은 것을 만들 수 있음은 분
명하다. 실은 호흡 중추 같은 것을 만드는 것보다 훨씬 쉬울
것이다. 이는 지능을 가진 존재를 비교적 쉽게 만들어 낼 수
있음을 의미할지도 모른다. 하지만 나는 이 발상이 틀렸다
고 생각한다. 그 이유는 (이를테면) 인간의 피질을 가졌어도
이것이 정형화되지 않는다면 사실상 무용지물이기 때문이
다. 그러므로 늑대가 돌연변이에 의해 인간의 피질을 얻었
다 해도 녀석이 선택적 이점을 누릴 것이라고 믿을 이유는
거의 없다. 하지만 언어가 발달하는 부위에 돌연변이가 일

어나 앵무새처럼 말하는 늑대가 되거나 우연한 돌연변이가
소규모 개체군에 확산되면 일부 선택적 이점을 체감할 수
있을지도 모른다. 그렇다면 정보를 다음 세대로 전달할 수
도 있을 것이다. 하지만 이것은 추측에 불과하다.

10. 정형화 실험. 쾌락-고통 체계

비정형 기계로 하여금 한정적(definite) 유형의 개입을 받아
들이도록 하여 정형화를 시도하는—이를테면 만능 기계로
바꾸는—실험은 흥미롭다.

　　기계를 만능 기계로 정형화하는 것이 가장 인상적인 경
우는 매우 적은 입력만 가지고 개입할 때다. 인간 아동의 훈
련은 대체로 보상과 처벌의 체계에 의존하며 이는 두 가지
개입 입력—하나는 '쾌락' 또는 '보상'(R)이고 다른 하나는
'고통' 또는 '처벌'(P)—만으로도 정형화가 가능할 것임을
암시한다. 이런 '쾌락-고통' 체계를 얼마든지 고안할 수 있
다. 내가 이 용어로 가리키는 것은 아래와 같은 일반적 성격
을 가진 비정형 기계다.

　　기계의 구성은 두 가지 표현으로 서술되는데, 이것
을 성격 표현(character-expression)과 환경 표현(situation-
expression)으로 부를 것이다. 임의의 시점에서의 성격과 환
경은 입력 신호와 더불어 다음 시점의 성격과 환경을 결정
한다. 성격은 무작위 변이를 겪기도 한다. 쾌락은 성격을 고
정하는—즉, 변화를 가로막는—경향이 있는 반면에 고통

자극은 성격을 파괴하여 고정된 특징들을 변하게 하거나 다시 무작위 변이를 겪도록 하는 경향이 있다.

이 정의는 너무 막연하고 일반적이어서 그다지 유용하지 못할 것이다. 내 말은 '성격'이 달라졌을 때 우리는 그것을 기계에서 일어난 변화로 생각하고 싶어 하지만 '환경'은 성격에 의해 서술된 기계의 구성에 불과하다는 것이다. 우리의 의도는 기계의 행동이 틀렸을 때 고통 자극이 일어나고 옳았을 때 쾌락 자극이 일어나도록 하는 것이다. 이 맥락에서 '교사'가 적절한 자극을 신중하게 가하면 '성격'은 바람직한—즉, 잘못된 행동이 감소하는—쪽으로 수렴하리라 예상할 수 있다.

나는 특수한 유형의 쾌락-고통 체계를 탐구했는데, 여기서 그것을 설명해 보겠다.

11. P형 비정형 기계

P형[7] 기계는 테이프가 없는 LCM으로 간주할 수 있으며, 그 서술은 대체로 불완전하다. 기계가 행동이 규정되지 않은 구성에 도달하면 누락 데이터에 대해 무작위 선택이 시행되며, 적절한 항목이 잠정적으로 서술에 추가되어 적용된다. 고통 자극이 일어나면 모든 잠정적 항목이 취소되며 쾌락 자극이 일어나면 모든 잠정적 항목이 영구화된다.

구체적으로 살펴보자. 환경은 수 $s = 1, 2, \cdots, N$이며 불완전 기계의 구성에 대응한다. 성격은 각 환경에서 기계의

[7]   'P'는 '쾌락(Pleasure)'과 '고통(Pain)'을 가리킨다. -옮긴이

행동을 나타내는 N개의 항목이 들어 있는 표다. 각 항목은 다음 환경에 대해, 또한 기계가 어떤 행동을 취해야 하는가에 대해 영향을 미친다. 행동 부분은 아래의 둘 중 하나일 것이다.

(i) 외부적으로 가시적인 행위 A_1이나 $A_2 \cdots A_K$를 한다

(ii) 기억 소자 $M_1 \cdots M_R$ 중 하나를 '1' 조건이나 '0' 조건으로 지정한다.

그다음 환경은 언제나 $2s$나 $2s + 1$을 N으로 나눈 나머지다. 이것을 대안 0과 대안 1이라고 부를 수 있을 것이다. 어느 대안이 적용될지는 다음 중 하나로 결정될 수 있다.

(a) 기억 소자 중 하나

(b) 감각 자극

(c) 쾌락-고통 수법

각 환경에서 이 중 어느 것이 적용될지 결정되는 것은 기계가 제작될 때다. 즉, 개입은 세 사례 중 어느 것이 적용될지를 바꾸지 못한다. 또한 사례 (a)와 사례 (b)에서는 개입이 아무 효과도 일으키지 못한다. 사례 (c)에서 성격표의 항목은 U('불확실')나 T0(잠정적 0), T1, D0(확정적 0), D1 중 하나일 것이다. 현재 상황에 대한 성격 항목이 U이면 대안

은 무작위로 선택되는데, 0이나 1이 선택됨에 따라 성격 항목은 T0이나 T1로 바뀐다. 성격 항목이 T0이나 D0이면 대안은 0이고 T1이나 D1이면 대안은 1이다. 성격 변화에는 앞에서 언급한 U에서 T0이나 T1로의 변화, 쾌락 자극이 일어날 때 모든 T에서 D로의 변화, 고통 자극이 일어날 때 T0과 T1에서 U로의 변화가 포함된다.

기억 소자는 기본적으로 '촉발 회로' 또는 스위치로 생각할 수 있다. 감각 자극은 교사가 기계와 '비정서적'으로—즉, 쾌락 자극과 고통 자극을 구사하지 않고—소통하는 수단이다. S개의 유한한 감각 회선이 있으며, 각각은 0이나 1의 신호를 전달한다.

아래 표는 소형 P형 기계를 서술한 것이다.

1	P	A	
2	P	B	$M_1 = 1$
3	P	B	
4	S_1	A	$M_1 = 0$
5	M_1	C	

이 기계는 한 개의 기억 소자 M_1과 한 개의 감각 회선 S_1이 있다. 기계의 행동은 일련의 환경과 교사의 행위를 부여함으로써 서술할 수 있다. 후자는 S_1의 값과 보상 및 처벌로 이루어진다. 임의의 시점에서 '성격'은 위의 표에서 각 'P'가 U, T0, T1, D0, D1 중 하나로 대체된 것 같다. 기계의 행

동을 이해하려면 무엇보다 U 사례가 일어날 때 쓸 수 있도
록 무작위 숫자열을 만드는 것이 편리하다. 그 밑에 환경의
연쇄를 쓰고 다른 열에는 그에 해당하는 성격 항목을, 또 다
른 열에는 교사의 행위를 쓴다. 기억 소자에 저장된 성격과
값은 다른 용지에 보관될 수도 있다. T 항목은 연필로 쓰고
D 항목은 잉크로 쓴다. 기계의 행동 몇 가지를 아래에 표시
했다.

무작위 연쇄	0	0	1	1	1	0	0	1	0	0	1	1	0	1	1	0	0	0
환경	3	1	3	1	3	1	3	1	2	4	4	4	3	2	.	.		
대안의 근거		U	T	T	T	T	U	U	S	S	S	U	T					
		0	0	0	0	0			1	1	1		0					
가시적 행위		B	A	B	A	B	A	B	A	B	A	A	A	B	B			
보상과 처벌								P										
S_1의 변화		1										0						

기계가 금세 반복적 순환에 들어섰음을 알 수 있을 것이다.
이것은 BABAB…의 반복을 통해 외부적으로 드러났다. 고
통 자극은 이 순환을 깨뜨렸다.

　　이 P형 기계를 만능 기계로 정형화하는 것이 가능할 수
는 있겠지만, 이용할 수 있는 기억 형태가 제한적이어서 쉬
운 일은 아니다. 체계적 기억 형태를 얻으려면 무작위로 분
산된 '기억 소자'를 정형화해야 할 텐데, 이것은 쉽지 않을
것이다. 하지만 P형 기계에 체계적 외부 기억을 제공하면 정

형화의 실현 가능성이 꽤 커진다. 이런 기억은 테이프의 형태를 취할 수 있으며 외부적으로 가시적인 작업의 예로는 테이프를 따라 좌우로 이동하는 것, 테이프의 기호를 0이나 1로 바꾸는 것 등이 있다. 감각 회선에는 테이프의 기호에서 출발하는 것이 포함된다. 아니면, 메모리가 유한할 경우—이를테면 32비트를 넘지 않을 경우—호출 시스템을 활용할 수 있다. (호출 시스템은 무한한 메모리에 대해서도 쓸 수 있지만, 현실적 이익은 크지 않다.) 나는 이런 (종이) 기계를 만능 기계로 정형화하는 데 성공했다.

해당 기계의 세부 사항은 다음과 같다. 64칸으로 이루어진 원형 메모리가 있는데, 임의의 시점에 이 중 하나가 기계 안에 있으며('판독') 좌우 이동은 '가시적 행위'에 속한다. 칸의 기호를 바꾸는 것은 또 다른 '가시적 행위'이며 기호는 감각 회선 중 하나인 S_1에 연결된다. 짝수 번째 칸에는 또 다른 기능이 있어서, 주 메모리로(부터)의 정보 호출을 제어한다. 주 메모리는 32비트로 이루어진다. 임의의 시점에 이 중 한 비트가 감각 회선 S_2에 연결된다. 주 메모리의 관련 비트는 원형 메모리의 짝수 번째 칸에 위치한 32개의 비트로 표현된다. 또 다른 두 가지 '가시적 행위'는 주 메모리의 해당 칸에 0이나 1을 인쇄하는 것이다. 또한 세 개의 일반적 기억 소자와 세 개의 감각 소자 S_3, S_4, S_5가 있다. 여섯 개의 외부적으로 가시적인 행위 A, B, C, D, E, F도 있다.

외부 메모리를 가진 이 P형 기계는 (이를테면) A형 비정형 기계보다 훨씬 '정형화'되었다고 보아야 한다.

그럼에도 이것을 만능 기계로 정형화할 수 있다는 사실은
여전히 흥미롭다.

P형 기계를 '정형화'하는 실제 기법은 다소 실망스러울
지도 모른다. 이것은 아동을 실제로 가르치는 과정과 충분
히 비슷하지는 않다. 실제로 채택되는 과정을 보면, 우선 고
통을 지속적으로 가하고 감각 데이터 S_3, S_4, S_5를 다양하게
변화시키며 오랫동안 기계를 가동한다. 외부적으로 가시적
인 행위의 연쇄를 수천 시점에 걸쳐 관찰하면 환경을 식별
하는 도식을 만들어 낼 수 있다. 즉, 이 도식에 의하면 (전체
로서의 환경이 명명되는 것을 제외하면) 임의의 시점에 환
경이 무엇인지 알아낼 수 있다. 처벌을 덜 쓰는 비슷한 탐구
를 통해서는 감각 회선에 영향을 받는 환경을 발견할 수 있
다. 기억 소자와 관련된 환경에 대한 데이터도 더 힘들긴 하
지만 발견할 수 있다. 이 단계에서 성격이 재구성된다. T0,
T1, D0, D1은 전혀 발생하지 않는다. 다음 단계는 바람직한
변형이 일어나도록 성격의 U를 D0, D1로 대체하는 방법을
생각해내는 것이다. 일반적으로 이것은 제시된 개수(1,000)
의 환경, 기억 소자 등으로 가능할 것이다. 마지막 단계는 성
격을 선택된 것으로 전환하는 것이다. 이를 위해서는 기계
가 상황의 연쇄를 무작위로 돌아다니되 잘못된 선택을 할
때 고통 자극을 가하고 옳은 선택을 할 때 쾌락 자극을 가하
기만 하면 된다. 무의미한 선택을 할 때에도 고통 자극을 가
하는 것이 최선이다. 이것은 무의미한 환경의 고리 안에 고

립되는 것을 막기 위해서다. 이제 기계는 '실전 투입 준비'가
완료되었다.

이 과정에서 실제로 배출되는 만능 기계의 형태는 다
음과 같다. 각 명령은 128비트로 이루어지며, 이것은 (주 메
모리의 장소 하나씩을 나타내는) 32비트의 집합 네 개를 구
성하는 것으로 간주할 수 있다. 이 장소를 P, Q, R, S로 불러
도 좋다. 명령의 의미는 p가 P에 있는 비트이고 q가 Q에 있
는 비트이면 $1-pq$를 R 위치로 보내되 다음 명령은 S에서 시
작되는 128비트에서 찾을 수 있다는 것이다. 이것은 일종의
UPCM이다. (이를테면) 에이스에서 이용할 수 있는 것보다
는 장치 개수가 적기는 하지만.

이 계통으로 더 많은 연구가 필요하다고 생각한다. 나
는 다른 유형의 비정형 기계를 탐구하고 우리의 '교육 방법'
에 더 가까운 정형화 방법을 시도하고 싶다. 후자에는 이미
착수했지만 지금으로서는 작업이 전반적으로 너무 고되다.
전자(電子) 기계가 실제로 돌아가게 되면 실현 가능성이 더
커지리라 기대한다. 지금처럼 종이 기계로 작업하는 것이
아니라 그런 UPCM에서 작용하는 구체적 기계의 모형을
얼마든지 원하는 대로 쉽게 만들 수 있을 것이다. 꽤 분명한
'교수법'을 정했다면 이것을 기계에 프로그래밍 할 수도 있
다. 그러면 전체 시스템을 상당한 기간 동안 가동한 뒤에 일
종의 '장학관' 자격으로 중간에 끼어들어 어떤 발전이 있었
는지 점검할 수 있다. A형이나 B형과 더 비슷한 비정형 기계
로도 어느 정도 발전이 가능할 것이다. 여기에 필요한 작업

은 순수한 종이 기계로 하기에는 너무 버겁다.

　P형 기계와 관련하여 내가 찾고 싶던 현상이 하나 있
다. 그것은 기존 루틴을 새 루틴과 통합하는 것이다. 기계에
(이를테면) 더하기를 '가르쳤다'―즉, 변형하거나 정형화했
다―고 해 보자. 그러면 나중에 더하기를 반복하여 작은 수
를 곱하는 법을 가르칠 수 있을 것이며, 처음에 가르친 대로
더하기 루틴을 형성한 바로 그 상황 집합이 곱하기를 위한
더하기에도 쓰이도록 할 수 있을 것이다. 그러나 어떻게 하
면 될지를 꽤 상세하게 구상할 수는 있었지만 이런 현상을
더 큰 맥락에서 볼 수 있을 만큼 충분한 규모로 실험을 할 수
는 없었다.

　또한 언어에 변화를 더하는 '불규칙 동사'와 비슷한 것
을 찾고 싶었다. 우리는 너무 수학적으로 일정한 규칙은 따
르고 싶어 하지 않으며 아무리 복잡한 규칙이라도 오랜 경
험을 통해 선별하고 적용할 수 있다(명시적으로 표현할 수
있어야 할 필요는 전혀 없다). 오히려 체계적 메모리가 없는
P형 기계도 무작위로 분산된 기억 소자 덕분에 꽤 비슷하게
행동할 수 있지 않을까 생각한다. 이를 검증하려면 틀림없
이 고역을 치러야 할 것이다. 문제의 성격상 내장형 학습 절
차 같은 '대량 생산' 방법은 도움이 되지 못한다.

12. 훈육과 창의

훈련받지 않은 유아의 마음이 지능을 가지려면 훈육

(discipline)과 창의(initiative)가 둘 다 필요하다. 지금까지 우리는 훈육만 살펴보았다. 뇌나 기계를 만능 기계로 바꾸는 것은 극단적 형태의 훈육이다. 이렇게 하지 않고서는 올바른 소통 방식을 확립할 수 없다. 하지만 훈육만으로는 지능을 만들어 내는 데 충분하지 않다. 훈육과 더불어 필요한 것을 우리는 창의라고 부른다. 이 진술은 정의 역할을 해야할 것이다. 우리의 임무는 사람에게서 창의의 성격을 찾아내어 이를 기계에서 시도하고 복제하는 것이다.

이를 시작하는 방법으로 두 가지를 생각해 볼 수 있다. 한편으로 우리에게는 완전히 훈육된 기계가 있다. 이것은 당장 이용할 수도 있고, 다양한 UPCM의 형태로 몇 달이나 몇 년에 걸쳐 얻을 수도 있다. 여기에 창의를 접목하려고 시도할 수 있을 것이다. 이것은 할 수 있는 모든 종류의 작업을 하도록 기계를 프로그래밍 하는 형태를 취할 것이다. 이것은 이론상의 문제이며 기계로 이렇게 하는 것이 경제적인가 여부와는 무관하다. 한 번에 하나씩 기계가 점점 많은 '선택'이나 '결정'을 하도록 할 수 있을 것이다. 결국은 비교적 소수의 일반 원칙을 적용한 논리적 결과로서 행동하도록 프로그래밍 하는 것이 가능해질 것이다. 원칙이 충분히 일반적으로 바뀌면 더는 개입이 필요하지 않을 것이며 기계는 이른바 '어른'이 된다. 이것을 '직접적 방법'이라고 부를 수 있을 것이다.

다른 한편으로 비정형 기계에서 출발하여 훈육과 창의를 한꺼번에 시도할 수 있다. 즉, 기계를 만능 기계로 정형화하려고 시도하는 것이 아니라 창의에 대해서도 정형화하는 것이다. 내가 보기에는 두 방법 다 시도해야 할 듯하다.

지능적, 유전적, 문화적 탐색

창의를 요하는 문제의 전형적 예는 '이러저러한 숫자를 찾으라'의 형태로 이루어진다. 이 형태의 문제는 매우 다양하다. 이를테면 'UPCM을 이용하여 … 일정한 시간 안에 … 인수의 값을 … 정확하게 … 얻을 수 있는 … 함수를 계산하는 방법을 찾아낼 수 있는지 알아내라'라는 식의 문제들은 이형태로 환원할 수 있다. 이 문제는 해당 기계에 넣을 프로그램을 찾는 문제와 분명히 일치하며, 숫자나 프로그램 중 하나가 주어졌을 때 나머지 하나를 쉽게 찾을 수 있도록 양의 정수와 일치하는 프로그램을 짜는 것은 쉬운 일이기 때문이다. 모든 문제가 이 형태로 환원된다고 가정하면 당분간 터무니없이 잘못될 우려는 없다. 그때가 되면 이 형태가 아닌 것이 분명한 무언가가 나타날 것이다.

    그런 문제를 처리하는 가장 초보적인 방법은 정수를 순서대로 살펴보면서 요구되는 성질을 가진 숫자가 나올 때까지 하나하나 검사하는 것이다. 이런 방법은 극히 단순한 경우에만 성공할 수 있을 것이다. 이를테면 앞에서 언급한, 프로그램을 실제로 탐색하는 문제의 경우 필요한 수는 일반적으로 $2^{1,000}$와 $2^{1,000,000}$ 사이일 것이다. 따라서 실제 작업에는 더 효율적인 방법이 필요하다. 많은 경우에 다음 방법이 성공적일 것이다. UPCM에서 출발하여, 우선 (러셀의 『수학 원리』 같은) 논리 체계의 구축에 해당하는 프로그램을 집어넣는다. 이렇게 해도 기계의 행동이 완벽하게 결정되지는 않는다. 여러 단계에서 다음 단계에 대해 둘 이상의 선택이 가능할 것이다. 하지만 가능한 모든 선택의 배열을 순서대로 늘어놓고 그 형식에 의해 문제의 해로 검증할 수 있는 정리를 기계가 증명할 때까지 계속할 수도 있다. 이것은 원래 문제를 똑같은 형태의 다른 문제로 바꾼 것으로 볼 수 있다. 원래 변수 n의 값을 탐색하지 않고 다른 값을 탐색하는 것이니 말이다. 현실에서 위와 같은 문제를 풀 때는 원래 문제에 대해 (여러 변수를 탐색하는) 매우 복잡한 '변형'을 적용할 것이다. 어떤 것은 원래 방법과 더 비슷하고 어떤 것은 '전체 증명 탐색'과 더 비슷하다. 기계 지능에 대한 이후의 연구는 이런 종류의 '탐색'과 연관성이 매우 클 것이다. 이런 탐색을 '지능형 탐색'이라고 불러도 좋겠다. 간단히 정의하자면 '뇌가 특정 속성의 조합을 찾는 탐색'이라고 할 수 있다.

　　이와 관련하여 다른 두 가지 탐색을 언급하면 흥미로울 것이다. 하나는 유전적 탐색 또는 진화적 탐색으로, 생존 값을 잣대 삼아 유전자 조합을 찾는 것이다. 이 탐색의 뚜렷한 성공은 지능 활동이 주로 여러 종류의 탐색으로 이루어진다는 생각을 어느 정도 뒷받침한다.

　　다른 하나는 내가 '문화적 탐색'으로 부르고 싶은 것이다. 앞에서 언급했듯 고립된 사람은 지적 능력을 발달시키지 못한다. 다른 사람들이 있는 환경에 몸담고서 생애의 첫 20년간 그들의 기법을 흡수해야 한다. 그런 다음 제 나름의 연구를 약간 수행하고 극소수의 발견이나마 다른 사람들에게 전달할 수 있을지도 모른다. 이 관점에서 보면 새로운 기법의 탐색은 개인보다는 인류 공동체 전체가 수행하는 것으로 보아야 한다.

13.   정서적 개념으로서의 지능

지적인 행동의 판단 기준은 우리 자신의 마음 상태와 훈련 못지않게 대상의 속성에 의해서도 결정된다. 대상의 행동을 설명하고 예측할 수 있거나 행동의 배후에 별다른 계획이 없어 보이면 우리는 지능을 상정하려는 유혹을 거의 느끼지 않는다. 따라서 같은 대상을 놓고도 어떤 사람은 지능이 있다고 간주하는 반면에 어떤 사람은 그러지 않는다. 후자는 대상의 행동에서 규칙을 찾아냈을 것이다.

　　이 맥락에서 (심지어 현재의 지식 수준에서도) 작은 실험을 해 볼 수 있다. 체스를 썩 나쁘지 않게 둘 수 있는 종이 기계를 고안하는 것은 어려운 일이 아니다. A, B, C 세 사람이 실험에 참여한다고 가정해 보자. A와 C는 체스 실력이 서툰 사람이고 B는 종이 기계를 다루는 사람이다. (기계를 꽤 빠르게 다룰 수 있으려면 B는 수학자이면서 체스 선수인 것이 바람직하다.) 행마의 정보를 주고받을 수 있도록 방 두 곳에 시설을 갖추고 C가 A 또는 종이 기계와 대국을 한다. C는 상대방이 누구인지 알아내기 힘들 것이다.

　　(이것은 다소 이상화된 실험 형태로, 나는 실제로 이 방

법을 써본 적이 있다.)

요약

이 논문에서는 기계가 지능적 행동을 나타내도록 할 수 있
는 방법을 논의했으며 인간 뇌와의 유추를 지침으로 삼았
다. 인간 지능의 잠재력이 실현되려면 적절한 교육을 받아
야만 한다는 사실이 지적되었으며 탐구는 이와 비슷한 교육
과정을 기계에 적용하는 것에 주안점을 두었다. 비정형 기
계의 개념을 정의했으며 인간 유아의 피질에 이런 성질이
있다고 주장했다. 이런 기계의 간단한 사례를 제시했으며
보상과 처벌을 통한 기계 교육을 논의했다. 한 사례에서는
정형화가 에이스(ACE)와 비슷해질 때까지 교육 과정을 진
행했다.

2

계산 기계와 지능
Computing Machinery and Intelligence

이 논문은 『마인드Mind』 59권 236호(1950년)
433~460쪽에 처음 실렸다.

1.   흉내 게임

"기계가 생각할 수 있을까?"라는 질문에 대해 생각해 보자. 그러려면 우선 '기계'와 '생각하다'의 의미를 정의해야 한다. 두 단어의 일반적 용법을 최대한 반영하도록 정의할 수도 있겠지만, 그런 방식은 위험하다. '기계'와 '생각하다'라는 단어의 의미를 일반적 용법에서 찾으려 든다면, "기계가 생각할 수 있을까?"라는 질문의 의미와 답은 갤럽 여론 조사 같은 통계 조사에서 찾아야 한다는 결론에 이를 수밖에 없다. 하지만 그것은 터무니없는 결론이다. 나는 그런 정의를 만들어 내려 들기보다는 원래 질문을 (그것과 밀접하게 연관되어 있으면서도) 더 명확한 다른 형식으로 바꾸고자 한다.

이 새로운 형식은 '흉내 게임(Imitation Game)'이라고 부를 수 있을 것이다. 게임에는 남자(A), 여자(B), 질문자(C) 세 사람이 참여한다(질문자는 남자이든 여자이든 상관없다). 질문자는 나머지 두 사람과 격리된 방에 있다. 게임에서 질문자의 목표는 둘 중에서 누가 남자이고 누가 여자인지 알아맞히는 것이다. 두 사람은 X와 Y로 지칭되며, 게임이 끝나면 질문자는 "X는 A이고 Y는 B다."라고 말하거나 "X는 B이고 Y는 A다."라고 말한다. 질문자는 A와 B에게 다음과 같은 질문을 던질 수 있다.

C: X께서는 제게 머리카락 길이를 말씀해 주시겠습니까?

만일 X의 정체가 A라면, A는 질문에 답해야 한다. 게임에서 A의 목표는 C가 자신을 못 알아맞히게 하는 것이다. 따라서 A는 이런 식으로 대답할 것이다.

"싱글컷 단발(shingle)에 가장 긴 가닥이 20센티미터쯤 돼요."

질문자가 목소리에서 힌트를 얻지 못하도록 답변은 손으로 쓴다(타자로 치면 더 좋다). 이상적인 상황은 각자의 방에서 전신 타자기로 통신하는 것이다. 질문과 답변을 제삼자가 중간에서 전달하도록 할 수도 있다. 게임에서 세 번째 참가자(B)의 목표는 질문자를 돕는 것이다. 그녀의 입장에서는 사실대로 답하는 것이 최선의 전략이다. "저는 여자예요. 저 남자 말 믿지 마세요!"라고 덧붙일 수도 있겠지만, 이것은 아무 소용이 없다. 남자도 비슷한 말을 꾸며낼 수 있기 때문이다.

이제 원래 질문을 이렇게 바꿔보자. "이 게임에서 기계가 A의 역할을 맡으면 어떻게 될까?" 이렇게 했을 때 질문자가 못 맞힐 가능성은 실제 남자와 여자가 참가했을 때만큼 클까? 이것이 우리의 원래 질문 "기계가 생각할 수 있을까?"를 대체하는 새로운 질문이다.

2.   새로운 질문에 대한 비판

"이 새로운 형식의 질문에 대한 답은 무엇인가?"라고 묻는 것과 더불어 "이 새로운 질문은 탐구할 만한 가치가 있는 질문인가?"라고 물을 수도 있다. 무한 후퇴를 막기 위해 후자를 먼저 공략하자.

새로운 질문은 인간의 신체적 능력과 지적 능력을 뚜렷하게 구분한다는 이점이 있다. 인간의 피부와 똑같은 소재를 만들 수 있는 공학자나 화학자는 한 명도 없다. 언젠간 그럴 수 있을지도 모르지만, 설령 이런 소재를 손에 넣을 수 있다고 가정하더라도 '생각하는 기계'에 인조 피부를 입혀 사람과 더 비슷하게 만드는 것은 공연한 헛수고다. 내가 정한 흉내 게임의 조건에서는 질문자가 두 참가자를 보거나 만지지 못하고 목소리도 듣지 못하기 때문에 신체적 유사성은 무의미하다. 아래에 예로 든 질문과 답변은 내가 제시한 기준의 또 다른 이점을 보여준다.

질문: 포스 브리지를 주제로 소네트를 한 편 써 주세요.

답변: 이건 통과할게요. 시는 전혀 못 써요.

질문: 34,957 더하기 70,764를 해 보세요.

답변: (30초가량 뜸을 들인 뒤에 답을 말한다)
105,621입니다.

질문: 체스 둘 줄 아세요?

답변: 네.

질문: 저는 K1에 킹이 있고 나머지 기물은 하나도 없습니다. 당신은 K6의 킹과 R1의 룩이 전부입니다. 당신 차례입니다. 어디에 놓으시겠습니까?

답변: (15초 뜸을 들인 뒤에) 룩을 R8에 두어 체크메이트를 합니다.

질문과 답변을 주고받는 방법은 인간 행위의 어떤 분야에든 접목할 수 있을 듯하다. 기계가 미인 대회에서 우승하지 못한다고 비난하거나 사람이 비행기와의 경주에서 진다고 손가락질하는 것은 우리의 취지가 아니다. 우리 게임의 조건에서는 이런 '행위 무능력(disability)'이 문제가 되지 않는다. 답변자는 자신이 매력적이거나 힘세거나, 용감하다고 얼마든지 떠벌릴 수 있지만─그렇게 하는 것이 유리하다고 생각한다면─질문자는 그런 것을 실제로 보여달라고 요구할 수 없다.

　게임이 기계 쪽에 지나치게 불리하다는 점이 오히려 비판거리가 될지도 모르겠다. 사람이 기계 흉내를 내는 데 매우 서툴 것임은 분명하다. 계산이 느리거나 틀려서 금세 들통날 것이다. 그렇다면 기계가 하는 일은 (생각으로 서술되어야 마땅하지만) 인간이 하는 생각과는 사뭇 다른 어떤 것 아닐까? 이 반론은 매우 설득력이 있지만, 흉내 게임을 만족스럽게 해낼 수 있는 기계를 그럼에도 만들어 낼 수 있다면 이 반론에 구애받을 필요가 없다고, 적어도 그렇게 말할 수는 있을 것이다.

　'흉내 게임'을 할 때 기계가 구사할 수 있는 최선의 전략은 사람의 행동을 흉내 내는 것과는 다른 것이리라고 주장할 수 있을지도 모른다. 그럴 수도 있겠지만, 그래봐야 달라지는 것은 거의 없을 듯하다. 어쨌든 여기서 흉내 게임을 이론적으로 탐구할 생각은 전혀 없으므로, 나는 사람이 자연스럽게 내놓을 법한 답변을 제시하려고 노력하는 것이 기계 입장에서 최선의 전략이라고 가정할 것이다.

3.　흉내 게임에 참가하는 기계는 어떤 기계인가?

1절에서 던진 질문의 의미를 명확하게 하려면 '기계'라는 단어가 무슨 뜻인지 정확히 밝혀야 할 것이다. 모든 종류의 공학 기법이 쓰일 수 있어야 한다는 것은 두말할 필요가 없다. 공학자 한 명이나 공학자 집단이 제작한 기계가, 작동은 하지만 (실험적인 방법을 주로 동원했기에) 그 작동 원리를 제작자조차 만족스럽게 설명하지 못할 가능성도 열어 두는 게 좋겠다. 마지막으로, 정상적 과정[1]으로 태어난 인간은 기계의 범주에서 배제하고자 한다. 이 세 가지 조건을 충족하는 정의를 만들어 내기란 쉬운 일이 아니다. 이를테면 공학자 집단이 같은 성별로만 이루어져야 한다는 요건을 내걸 수도 있겠으나[2], 이것은 실제로는 만족스러운 해법이 되지 못할 것이다. (이를테면) 남성의 피부에서 세포 하나를 추출하여 온전한 사람을 배양하는 것이 가능할 수도 있기 때문이다. 이것은 칭송받아 마땅한 생물공학 기법의 위업일 테지만, '생각하는 기계를 만들어 낸' 사례로 인정하기는 민망하다. 그러므로 모든 종류의 기법이 허용되어야 한다는 요건은 배제해야 한다. 더 큰 이유는 '생각하는 기계'에 대한 지금의 관심을 불러일으킨 것이 특수한 종류의 기계, 일반적으로 '전자 컴퓨터'나 '디지털 컴퓨터'로 불리는 기계라는 사실 때

[1]　남녀의 성적 결합. -옮긴이
[2]　성적 결합으로 인한 출생을 방지하기 위해. -옮긴이

문이다. 이 논리에 따라 우리는 디지털 컴퓨터만 흉내 게임
에 참가할 수 있도록 허용한다.

이 제약은 첫눈에는 매우 극단적으로 보이지만, 나는
실제로는 그렇지 않음을 보일 것이다. 그러려면 이 컴퓨터
의 성격과 속성을 간단히 설명해야 한다.

'생각'에 대한 우리의 기준에서와 마찬가지로, 디지털
컴퓨터가 (내 믿음과 반대로) 흉내 게임에서 훌륭한 성적을
거둘 수 없음이 입증되지 않는 한 기계를 디지털 컴퓨터와
동일시하는 것은 정당하다고 말할 수도 있겠다.

실제로 작동하는 디지털 컴퓨터가 이미 많이 있으므
로, 이런 의문이 제기될 수 있을 것이다. "왜 지금 당장 실험
을 시도하지 않나? 흉내 게임의 조건을 충족하기란 어려운
일이 아닐 것이다. 많은 질문자를 동원하고 통계를 취합하
여 정답이 얼마나 많이 나왔는지 확인할 수 있지 않은가." 이
물음에 간단히 답하자면, 우리가 묻는 것은 모든 디지털 컴
퓨터가 흉내 게임을 잘할 것인가도 아니요 현재 사용할 수
있는 컴퓨터가 잘할 것인가도 아니요, 잘할 수 있는 상상 가
능한 컴퓨터가 있을 것인가이기 때문이다. 하지만 이것은
간단한 답에 불과하다. 좀 있다 이 물음을 다른 관점에서 들
여다볼 것이다.

4. 디지털 컴퓨터

디지털 컴퓨터의 바탕이 되는 발상은 이렇게 설명할 수 있

다. 디지털 컴퓨터는 인간 컴퓨터(계산수, 計算手)가 수행할 수 있는 모든 작업을 수행하도록 의도된 기계다. 인간 컴퓨터는 정해진 규칙을 따라야 하며 규칙에서 조금이라도 벗어날 권한은 전혀 없다. 이 규칙들은 책으로 제공되며 업무가 바뀔 때마다 책도 바뀐다. 또한 계산에 쓸 종이도 무한정 공급된다. 그와 더불어 곱하기와 더하기를 계산기로 할 수도 있지만, 이것은 중요한 문제가 아니다.

하지만 위의 설명을 디지털 컴퓨터의 정의로 쓴다면 순환 논증에 빠질 위험이 있다. 그러지 않도록, 우리가 원하는 결과를 달성할 수단을 개략적으로 제시하고자 한다. 디지털 컴퓨터는 대체로 아래의 세 가지 부분으로 이루어진다고 간주할 수 있다.

(i) 저장부 Store
(ii) 실행부 Executive unit
(iii) 제어부 Control

저장부는 정보를 저장하는 부분으로, 인간 컴퓨터의 종이에 해당한다. 이것은 계산을 하는 종이일 수도 있고 규칙 안내서가 인쇄된 종이일 수도 있다. 인간 컴퓨터가 머릿속에서 계산을 한다면 저장부의 일부는 그의 기억에 해당한다.

실행부는 계산과 관련된 여러 개별적 작업을 실행하는 부분이다. 이 개별적 작업이 무엇인가는 기계마다 다를 수 있다. 대개는 '3,540,675,445와 7,076,345,687을 곱하라' 같은 꽤 복잡한 작업도 할 수 있지만, 기계에 따라서는 '0을 기입하라' 같은 아주 단순한 작업만 가능할 수도 있다.

앞에서 나는 인간 컴퓨터에게 공급되는 '규칙 안내서'가 기계에서 저장부의 일부로 대체된다고 말했다. 이것을 '명령표(table of instructions)'라고 부른다. 이 명령이 올바른 순서로 정확하게 지켜지는지 확인하는 것이 제어부의 임무다. 제어부는 이 임무가 어김없이 실행되도록 보장한다.

저장부에 담긴 정보는 대개 적당히 작은 크기의 묶음(packet)으로 나뉜다. 이를테면 어떤 기계는 십진수 10개가 한 묶음을 이룬다. 정보 묶음이 저장된 저장부의 각 부분에는 체계적으로 숫자가 매겨진다. 전형적인 명령은 아래와 같다.

"6809 위치에 저장된 숫자를 4302 위치에 저장된 숫자와 더하여 그 결과를 후자의 저장 위치에 다시 기입하라."

이 명령이 기계에 전달될 때 영어로 표현되지 않으리라는 것은 말할 필요도 없다. 6809430217 같은 형태로 부호화될 가능성이 크다. 여기서 17은 두 숫자를 대상으로 가능한 여러 가지 작업 중에서 어떤 작업이 실행될 것인지 알려 준다. 이 경우에 실행되는 작업은 위에서 서술된 것과 같이 '숫자를 더하라'다. 위의 명령은 열 자리를 차지하므로 매우 간편하게 한 개의 정보 묶음을 이룬다는 사실을 알 수 있다. 제어부는 평상시에는 정보가 저장된 위치의 순서에 따라 명령을 수행하지만, 경우에 따라서는 아래와 같은 명령도 가능하다.

"5606 위치에 저장된 명령을 수행하고 그곳에서 작업을 계속하라."

"4505 위치에 0이 들어 있으면 6707에 저장된 명령을 수행하고 그렇지 않으면 다음으로 진행하라."

이런 명령들이 중요한 이유는 어떤 조건이 충족될 때까지 일련의 명령을 반복 실행하되 그 과정에서 각 반복 때마다 새로운 명령을 실행하는 것이 아니라 같은 명령을 거듭거듭 실행할 수 있기 때문이다. 실생활에서 예를 들어보자. 이를테면 어머니는 토미에게 매일 아침 학교 가는 길에 구두 수선집에 들러 구두가 다 됐는지 알아보도록 시키고 싶어 한다. 한 가지 방법은 아침마다 토미에게 새로 심부름을 시키는 것이다. 그런가 하면 토미가 학교 갈 때마다 볼 수 있도록 벽에 쪽지를 붙여두되, 그 쪽지에다 구두가 다 됐는지 물어보고 만일 다 됐으면 쪽지를 버리라고 써 놓는 방법도 있다.

우리는 앞에서 서술한 원칙을 따르는 디지털 컴퓨터가 제작될 수 있고 실제로 제작되었으며 이런 컴퓨터가 인간 컴퓨터의 행동을 실제로 매우 비슷하게 흉내 낼 수 있음을 받아들여야 한다.

앞에서 인간 컴퓨터가 이용한다고 가정한 규칙 안내서는 물론 편의상 만들어낸 허구다. 실제 인간 컴퓨터는 자신이 해야 할 일을 기억한다. 복잡한 작업을 하는 인간 컴퓨터의 행동을 흉내 내는 기계를 만들고 싶다면 그에게 어떻게 작업하는지 물은 뒤에 그의 대답을 일종의 명령표로 번역해야 한다. 명령표를 작성하는 일은 대개 '프로그래밍'이라 불린다. '어떤 기계가 A라는 작업을 수행하도록 프로그래밍한다'라는 말은 기계가 A를 수행하도록 적절한 명령표를 그기계에 집어넣는다는 뜻이다.

디지털 컴퓨터 개념의 흥미로운 변종은 '임의적 요소가 있는 디지털 컴퓨터'다. 이런 컴퓨터에는 주사위를 던지거나 그에 해당하는 전자적 절차를 수행하라는 명령(이를테면 "주사위를 던져 그 결과로 나온 수를 1000 위치에 저장하라")이 들어 있다. 이런 기계는 자유 의지를 가진 것으로 묘사되기도 한다(나 같으면 그런 표현을 쓰지 않겠지만). 기계를 관찰하여 임의적 요소가 있는지 판단하는 것은 정상적으로는 불가능하다. (이를테면) π에 해당하는 십진수에 따라선택하는 기계로도 비슷한 효과를 낼 수 있기 때문이다.

실제 디지털 컴퓨터는 대부분 저장부가 유한하지만, 저장부가 무한한 컴퓨터 개념에도 이론적 난점은 전혀 없다. 물론 각각의 작업에는 유한한 부분만이 사용될 수 있다. 마찬가지로, 제작할 수 있는 저장부의 양은 유한하지만 필요에 따라 저장부를 추가하는 것을 상상할 수 있다. 이런 컴퓨터는 이론적으로 특별한 흥미를 끌 것이며 용량이 무한한 컴퓨터로 불릴 것이다.

디지털 컴퓨터 개념은 역사가 길다. 1828년부터 1839년까지 케임브리지 대학교 루커스 수학 석좌 교수를 지낸찰스 배비지는 이런 기계를 구상하여 해석 기관(Analytical Engine)이라는 이름까지 붙였지만 완성하지는 못했다. 기본적 아이디어는 전부 생각해냈으나 그의 기계는 당시에 그다지 매력적인 기획이 아니었다. 당시에 낼 수 있었던 속도는 인간 컴퓨터보다는 분명히 빨랐겠지만 (현대 컴퓨터 중에서 느린 축에 드는) 맨체스터 기계보다 100배가량 느렸을 것이다. 저장 장치는 톱니바퀴와 카드를 이용하여 순전히 기계적으로 구현할 작정이었다.

배비지의 해석 기관이 전적으로 기계적이라는 사실은 우리가 스스로에게 씌운 미신을 걷어내는 데 도움이 될 것이다. 사람들은 현대 디지털 컴퓨터와 신경계가 둘 다 전기적이라는 사실에 중요성을 부여하지만, 배비지의 기계는 전기적이 아니었고 모든 디지털 컴퓨터는 어떤 의미에서 배비지의 기계와 동일하므로 전기의 사용에는 이론적 중요성이 있을 수 없다. 물론 전기는 빠른 신호 전달이 필요한 곳에서 주로 쓰므로 디지털 컴퓨터와 신경계가 전기를 이용하는 것은 놀랄 일이 아니다. 하지만 신경계에서는 화학 현상이 전기 현상 못지않게 중요하며 어떤 컴퓨터는 음향을 이용한 저장 장치를 쓰기도 한다. 그러므로 전기를 활용한다는 특징은 매우 피상적인 유사성에 불과한 것으로 보인다. 이런 유사성을 찾고 싶다면 차라리 함수의 수학적 유비를 들여다보는 것이 나을 것이다.

5.   디지털 컴퓨터의 만능성

앞 절에서 논의한 디지털 컴퓨터는 '이산 상태 기계'로 분류

할 수 있다. 이것은 갑작스러운 도약이나 회전을 통해 한 상태에서 다른 상태로 전환하는 기계를 일컫는다. 이때 두 상태는 혼동 가능성을 무시할 수 있을 만큼 다르다. 엄밀히 말하자면 그런 기계는 없으며 모든 것은 사실 연속적으로 움직인다. 하지만 여러 기계의 경우는 이산 상태 기계라고 '간주'하는 것이 유익하다. 이를테면 조명 장치의 스위치를 고려할 때 각 스위치가 확실히 켜지거나 확실히 꺼져야 한다는 것은 편의적 허구이며 중간 위치들이 있어야 하지만, 대부분의 목적에 대해서는 신경 안 써도 무방하다. 이산 상태 기계의 예로 1초에 $120°$ 회전하되 (외부에서 조작 가능한) 손잡이로 멈출 수 있고 특정 위치에서 조명이 켜지는 톱니바퀴를 생각해 보라. 이 기계는 추상적으로 다음과 같이 서술할 수 있다. (톱니바퀴의 위치로 서술되는) 기계의 내부 상태는 q_1, q_2, q_3 중 하나이며 입력 신호는 i_0이나 i_1(손잡이 위치)이다. 임의의 시점에서 내부 상태는 직전 상태와 (표에 따른) 입력 신호에 따라 결정된다.

직전 상태

		q_1	q_2	q_3
입력	i_0	q_2	q_3	q_1
	i_1	q_1	q_2	q_3

출력 신호는 내부 상태를 알려주는 유일한 외부 표시(조명)

로, 아래 표와 같다.

상태	q_1	q_2	q_3
출력	O_0	O_0	O_1

이 예는 전형적인 이산 상태 기계다. 이산 상태 기계는 가능 상태가 유한하다면 위와 같은 표로 나타낼 수 있다.

기계의 초기 상태와 입력 신호가 주어지면 우리는 미래의 모든 상태를 완벽하게 예측할 수 있는 듯하다. 이것은 어느 시점에서 우주의 완전한—모든 입자의 위치와 속력으로 나타낸—상태를 안다면 미래의 모든 상태를 예측할 수 있어야 한다는 라플라스의 견해를 떠올리게 한다. 하지만 우리가 논의하고 있는 예측은 라플라스가 염두에 둔 것보다는 더 현실적이다. '우주 전체'의 계에서는 초기 조건의 아주 작은 오류가 나중에 어마어마한 영향을 미칠 수 있으며 어느 시점에 전자 하나가 10억 분의 1센티미터 이동하는 것의 결과로 1년 뒤에 어떤 사람이 산사태에 목숨을 잃을 수도 있고 건질 수도 있지만, 이런 현상이 일어나지 않는다는 것이야말로 우리가 '이산 상태 기계'라고 부른 기계적 계의 본질적 속성이다. 심지어 이상화된 기계가 아니라 현실의 물리적 기계를 염두에 두더라도, 한 시점에서의 상태를 꽤 정확히 알면 이후의 어떤 단계이든 꽤 정확히 알 수 있다.

앞에서 언급했듯 디지털 컴퓨터는 이산 상태 기계의 일종이지만 취할 수 있는 상태의 개수가 대체로 엄청나게 크

다. 이를테면 맨체스터에서 운용중인 디지털 컴퓨터의 상태
개수는 약 $2^{165,000}$, 즉 약 $10^{50,000}$이다. 위에서 언급한 톱니바
퀴의 상태가 세 가지밖에 안 되는 것과 비교해 보라. 상태의
개수가 왜 이렇게 커야 하는지는 쉽게 알 수 있다. 디지털 컴
퓨터의 저장부는 인간 컴퓨터가 쓰는 종이에 해당한다. 디
지털 컴퓨터는 인간 컴퓨터가 종이에 쓸 수 있는 모든 기호
의 조합을 저장부에 쓸 수 있어야 한다. 편의상 0부터 9까지
의 숫자만 기호로 이용한다고 가정하자. 필체의 차이는 무
시한다. 인간 컴퓨터가 종이 100장을 쓸 수 있고 장마다 50
줄이 있으며 각 줄에는 숫자 30개를 기입할 수 있다고 하자.
이 경우 상태의 개수는 $10^{100 \times 50 \times 30}$, 즉 $10^{150,000}$이다. 이것은
맨체스터 기계 석 대의 상태 개수를 합친 것과 비슷하다. 2
를 밑으로 하는 상태 개수의 로그를 일반적으로 기계의 '저
장 용량'이라 부르는데, 그렇다면 맨체스터 기계의 저장 용
량은 약 165,000이고 앞에서 예로 든 톱니바퀴 기계의 저장
용량은 약 1.6이다. 두 기계를 합쳤을 때 얻을 수 있는 용량은
둘의 저장 용량을 더한 것과 같다. 이에 따르면 다음과 같이
말할 수 있다. "맨체스터 기계는 용량이 2,560인 자기 트랙이
64개, 용량이 1,280인 전자관이 8개 있다. 각종 저장 장치를
합치면 개수는 약 300개이며 총 저장 용량은 174,380이다."

특정 이산 상태 기계에 해당하는 표가 있으면 이 기계가 무
엇을 할지 예측할 수 있는데, 이 계산을 디지털 컴퓨터로 해
서는 안 될 이유는 전혀 없다. 충분히 빨리 계산할 수만 있다

면 디지털 컴퓨터는 어떤 이산 상태 기계의 행동도 흉내 낼 수 있다. 그렇다면 해당 기계(B 역할)와 이를 흉내 내는 디지털 컴퓨터(A 역할)가 흉내 게임을 할 경우 질문자는 둘을 구분하지 못할 것이다. 물론 디지털 컴퓨터는 적절한 저장 용량을 가져야 할 뿐 아니라 동작 속도가 충분히 빨라야 한다. 게다가 새로운 기계를 흉내 낼 때마다 그에 맞게 새로 프로그래밍 되어야 한다.

디지털 컴퓨터가 모든 이산 상태 기계를 흉내 낼 수 있는 특별한 성질을 가지고 있다는 말은 디지털 컴퓨터가 만능 기계라는 뜻이다. 이 성질을 가진 기계가 존재한다는 말에는 중요한 함의가 있다. 그것은 (속도를 논외로 한다면) 다양한 연산 작업을 수행하기 위해 다양한 기계를 새로 설계할 필요가 없다는 것이다. 디지털 컴퓨터 한 대로 모든 작업을 수행할 수 있다. 각 경우에 맞게 프로그래밍만 하면 된다. 이 모든 것의 결과에서 보듯 모든 디지털 컴퓨터는 어떤 의미에서 똑같다.

이제 3절 끝에서 제기된 논점을 다시 살펴보자. 앞에서 잠정적으로 주장했듯 "기계가 생각할 수 있을까?"라는 질문은 "흉내 게임을 잘할 수 있는 상상 가능한 디지털 컴퓨터가 있을까?"로 바꿔야 한다. 원한다면 이 질문을 (피상적이지만) 더 일반적으로 바꿔 "흉내 게임을 잘할 수 있는 이산 상태 기계가 있을까?"라고 물을 수 있다. 하지만 만능성의 관점에서 볼 때 두 질문은 다음 질문과 같다. "특정한 디지털 컴퓨터 C가 있다고 하자. 이 컴퓨터를 변경하여 적당한 저장 장치를 장착하고 동작 속도를 적절히 증가시키고 알맞은 프로그램을 탑재하면 흉내 게임에서 (인간이 B 역할을 맡을 때) C가 A 역할을 만족스럽게 해내도록 할 수 있을까?"

6.   중심 질문에 대한 반론들

땅을 다졌으니 이제 "기계가 생각할 수 있을까?"라는 질문과 앞 절 끝에 인용한 변이형에 대한 논쟁을 시작할 준비가 되었다. 질문을 바꿔도 되는지에 대해 사람마다 의견이 다를 것이므로 원래 형태의 질문을 다짜고짜 폐기할 수는 없다. 적어도 이 맥락에서 언급해야만 하는 주장들에 귀를 기울여야 한다.

　무엇보다 이 문제와 관련하여 나 자신의 믿음을 밝혀 두면 독자들이 이해하기 쉬울 것이다. 우선 질문을 더 구체적으로 바꿔 보자. 나는 약 50년 안에 약 10^9의 저장 용량을 가진 컴퓨터를 프로그래밍 하여 흉내 게임에서 평범한 질문자가 5분 동안 질문한 뒤에 정체를 알아맞힐 확률이 70퍼센트를 넘지 않도록 할 수 있다고 믿는다. 나는 "기계가 생각할 수 있을까?"라는 원래 질문이 논의 주제로 삼기에는 무의미하다고 믿는다. 그럼에도 20세기 말이 되면 언어의 용법과 식자의 여론이 달라져서 기계가 생각한다는 말에 거부감이 없어질 것이라고 믿는다. 더 나아가 이 믿음을 숨겨 봐야 이로울 것이 전혀 없다고 믿는다. 과학자들이 입증되지 않은 추측에 휘둘리지 않고 확립된 사실에서 확립된 사실로 뚜벅 뚜벅 나아간다는 통념은 진실과 거리가 멀다. 무엇이 입증된 사실이고 무엇이 추측인지 명확히 구분하기만 한다면 추측에는 해로울 것이 전혀 없다. 사실 추측은 매우 중요한데, 그 이유는 유익한 연구 방향을 제시하기 때문이다.

이제 내 의견에 반대하는 의견들을 살펴보자.

(1) 신학적 반론. 생각은 불멸하는 인간 영혼의 기능이다. 신은 불멸하는 영혼을 모든 남녀에게 주었을 뿐 그 밖의 동물이나 기계에는 주지 않았다. 그러므로 어떤 동물이나 기계도 생각할 수 없다.

이 주장은 어느 것 하나 받아들일 수 없지만, 신학적 측면에서 답변을 시도해 보겠다. 위 반론에서 동물과 인간을 한 부류로 묶었다면 더 설득력이 있었을 텐데, 내가 보기에 인간과 그 밖의 동물 사이보다는 유정물과 무정물 사이의 차이가 더 크기 때문이다. 인간과 인간 아닌 동물을 구별하는 기독교의 견해가 자의적임은 이 견해가 다른 종교 공동체 구성원에게 어떻게 비칠지 상상해 보면 똑똑히 알 수 있다. 여성에게 영혼이 없다는 이슬람교의 견해를 기독교인이 어떻게 받아들일지 생각해 보라. 하지만 이 논점은 접어두고 중심 논변으로 돌아가자. 위에 인용한 논변은 신의 전능함을 중대하게 제약하는 것처럼 보인다. 신이 할 수 없는 일이 있는 것은 사실이지만—이를테면 1과 2를 같게 만들 수는 없다—신이 자신의 판단에 따라 코끼리에게 영혼을 불어넣을 자유가 있다고 믿어선 안 될 이유가 어디 있는가? 영혼

[3]   이 견해는 이단적일지도 모르겠다. (버트런드 러셀이 480쪽에서 인용한 바에 따르면) 토마스 아퀴나스는 『신학 대전』에서 신이 인간을 영혼 없이 만들 수는 없다고 주장한다. 하지만 이것은 신의 능력을 실제로 제약하는 것이 아니라 인간의 영혼이 불멸이며 따라서 없앨 수 없다는 사실의 결과에 불과할지도 모른다. (『마인드』 원문에는 이 각주에 해당하는 어깨번호가 없다. -옮긴이)

을 가질 수 있는 뇌를 발달시키도록 코끼리에 돌연변이를
일으키면 되지 않겠는가? 기계에 대해서도 비슷한 논리를
적용할 수 있다. 기계가 다르게 보이는 것은 '잡아먹을' 수
없기 때문인지도 모른다. 하지만 이것은 우리가 '신이 이런
상황에서 기계에 영혼을 불어넣어야겠다고 마음먹을 가능
성은 낮다'라고 생각한다는 뜻일 뿐이다. 이 상황에 대해서
는 논문의 나머지 부분에서 논의할 것이다. 이런 기계를 만
들려 드는 것은 영혼을 창조하는 신의 능력을 감히 가로채
거나 자식을 낳는 것과는 다르다. 어느 경우에든 우리는 신
의 의지가 발휘되는 수단이며 우리가 하는 일은 신이 창조
한 영혼의 거처를 마련하는 것이다.

　하지만 이것은 사변에 불과하다. 나는 신학적 논변이
무엇을 뒷받침하든 그런 논변에는 별로 관심이 없다. 그런
논변은 과거에도 불만족스러운 적이 많았다. 갈릴레오 시대
에는 "태양이 중천에 머물러서 거의 종일토록 속히 내려가
지 아니하였다."(여호수아 10장 13절)라거나 "땅에 기초를
놓으사 영원히 흔들리지 아니하게 하셨나이다."(시편 104편
5절)라는 성경 구절이 코페르니쿠스 이론을 반박하는 증거
로 인정받았다. 지금의 지식 수준에서는 허황해 보이는 논변
이지만 이런 지식이 없을 때는 꽤 진지하게 받아들여졌다.

　(2) '모래에 처박은 머리' 반론. "기계가 생각한다면 그 결
과가 너무 끔찍할 테니 차라리 기계가 생각하지 못한다고
바라고 믿자."

　위 문장처럼 노골적으로 표현되는 경우는 드물지만,

생각하는 기계 문제에 대해 생각하면서 이 논변으로부터 자유로운 사람은 거의 없다. 우리는 인간이 어떤 미묘한 방식으로 나머지 피조물보다 우월하다고 믿고 싶어 한다. 필연적으로 우월하다는 사실을 입증할 수 있다면 최선인데, 그러면 자신의 우월한 지위를 잃을 위험이 전혀 없기 때문이다. 신학적 논변이 인기 있는 것은 이 정서와 분명히 관계가 있다. 신학적 논변은 지식인들 사이에서 매우 강력한 힘을 발휘할 것이다. 그들은 생각의 힘을 남보다 높이 평가하며 이 힘을 인간의 우월성에 대한 믿음의 근거로 삼는 성향이 강하기 때문이다.

　　나는 이 논변이 반박을 필요로 할 만큼 탄탄하다고는 생각지 않는다. 반박보다는 위로가 필요할 것이다. 어쩌면 그 위로는 윤회에서 찾아야 할지도 모르겠다.

　　(3) 수학적 반론. 수리 논리의 결론 중에는 이산 상태 기계의 능력에 한계가 있음을 밝히는 데 쓸 수 있는 것들이 많다. 이런 결론 중에서 가장 널리 알려진 것은 괴델 정리로,[4] 아무리 강력한 논리 체계에서도 그 체계 자체가 일관성을 유지하는 한 체계 안에서 입증할 수도 반증할 수도 없는 진술을 만들어낼 수 있음을 보여준다. **처치**, **클리니**, **로서**, **튜링** 등이 얻은 결론도 어떤 면에서는 비슷하다. 이 중에서 가장 간편하게 살펴볼 수 있는 것은 튜링의 결론인데, 그 이유는 다른 결론들이 비교적 간접적인 논변에서만 쓰일 수 있는 반면에 그의 결론은 기계를 직접 언급하기 때문이다. (이를테면 괴델 정리를 쓰려면 논리 체계를 기계의 관점에서, 기계

---

[4]　강조 표시된 저자 이름은 참고 문헌에 실려 있다.

를 논리 체계의 관점에서 서술할 방법이 별도로 있어야 한다.) 튜링의 결론에서 언급하는 기계는 기본적으로 무한한 용량을 가진 디지털 컴퓨터다. 그의 결론은 그런 기계가 할 수 없는 일이 있음을 보여준다. 이 기계로 하여금 흉내 게임에서와 같은 질문에 답하도록 하면 어떤 질문에 대해서는 틀린 답을 내놓거나 아무리 오랜 시간이 걸려도 답을 내놓지 못할 것이다. 물론 그런 질문이 많이 있을 것이며, 한 기계가 답하지 못하는 질문을 다른 기계가 만족스럽게 답할 수 있을지도 모른다. 물론 우리가 지금 가정하는 질문은 "피카소에 대해 어떻게 생각하는가?" 같은 질문보다는 '예'나 '아니요'로 답할 수 있는 질문이다. 기계가 결코 답하지 못할 것임을 우리가 아는 질문의 유형은 다음과 같다. "다음과 같이 규정된 기계를 생각해 보라. ⋯ 이 기계는 어떤 질문에도 '예'라고 대답할 것인가?" 말줄임표는 5절에서 소개한 것과 같은 표준적 형태의 기계에 대한 묘사로 대체할 수 있다. 묘사된 기계가 게임에 참가한 기계와 대동소이하다면 그 답은 틀렸거나 제시되지 못할 것임을 밝힐 수 있다. 그 수학적 결론은 다음과 같다. 이것은 인간 정신과 달리 기계에 행위 무능력이 있음을 입증한다.

　　이 논변에 대한 짧은 답변은 어느 특정한 기계의 능력에 한계가 있음이 입증되더라도 '그런 한계 중 어느 것도 인간 지성에 적용될 수 없다'라는 주장에는 어떤 근거도 없다는 것이다. 하지만 이 견해를 그렇게 쉽게 내칠 수 있다고는 생각지 않는다. 이런 기계 중 하나가 적절한 결정적 질문에 대해 명확한 답변을 내놓으면 우리는 이 답이 틀렸음을 알며 이는 우리에게 모종의 우월감을 선사한다. 이 감정은 환각일까? 이것이 매우 순수한 감정임은 의심할 여지가 없지만, 여기에 지나친 중요성을 부여해야 한다고는 생각지 않는다. 우리 또한 질문에 대해 틀린 답변을 내놓을 때가 많기에 기계에 그런 오류 가능성의 증거가 있다고 해서 마냥 기뻐할 수는 없다. 게다가 어떤 기계에 대해 사소한 승리를 거뒀을 때 우리는 그 기계에 대해서만 우월성을 느낄 수 있다. 모든 기계에 대해 한꺼번에 승리하는 것은 불가능할 것이다. 한마디로, 그렇다면 주어진 어떤 기계보다 똑똑한 사람들이 있을 수는 있지만 그보다 더 똑똑한 기계가 있을 수 있으며 그 기계보다 똑똑한 사람들에 대해서도 마찬가지다.

수학적 논변을 고집하는 사람들은 흉내 게임을 논쟁의 토대로 가장 기꺼이 받아들일 것이다. 이에 반해 앞의 두 반론을 믿는 사람들은 어떤 기준에도 흥미를 느끼지 않을 것이다.

(4) 의식 논변. 이 논변을 훌륭하게 표현한 것으로 제퍼슨 교수의 1949년 리스터 메달 수상 연설이 있다. "기계가 우연한 기호의 조합에 의해서가 아니라 생각과 (자신이 느낀) 감정을 바탕으로 소네트나 협주곡을 쓰지 못하는 한, 기계가 뇌와 동등하다는 주장에 동의할 수 없습니다. 제 말은 단순히 작품을 쓰는 것이 아니라 자신이 그 작품을 썼다는 사실을 알아야 한다는 것입니다. 어떤 메커니즘도 (손쉬운 수법으로 단순한 인위적 신호를 보내는 것이 아니라) 자신의 성

공에 기쁨을 느끼고 밸브가 녹을 때 슬픔을 느끼고 감언이설에 마음이 누그러지고 자신의 실수에 괴로워하고 섹스에 매료되고 자신이 원하는 것을 얻지 못했을 때 화나거나 울적해지지 못합니다."

이 논변은 우리 시험의 타당성을 부정하는 것처럼 보인다. 이 견해의 가장 극단적인 형태에 따르면 기계가 생각한다고 확신할 수 있는 유일한 방법은 기계가 되어 자신이 생각한다는 것을 실감하는 것이다. 그러면 이 감정을 세상에 묘사할 수 있겠지만, 물론 아무도 거기에 관심을 가질 이유는 없을 것이다. 마찬가지로 이 견해에 따르면 어떤 사람이 생각한다는 사실을 알 수 있는 유일한 방법은 그 사람이 되는 것이다. 이것은 사실 유아론적 관점이다. 가장 논리적인 견해일 수야 있겠지만 이래서는 소통하기가 힘들다. A는 'A는 생각하지만 B는 생각하지 못한다'라고 믿는 반면에 B는 'B는 생각하지만 A는 생각하지 못한다'라고 믿을 수 있다. 우리는 대개 이 문제를 놓고 끝없이 논쟁하기보다는 모든 사람이 생각한다는 예의 바른 통념을 받아들인다.

제퍼슨 교수가 극단적이고 유아론적인 관점을 취하고 싶어 하지는 않으리라 확신한다. 어쩌면 그는 흉내 게임을 시험 방법으로 기꺼이 받아들일지도 모른다. 참가자 B를 생략한 형식의 흉내 게임은 **구술 시험**(viva voce)이라는 이름으로 곧잘 현실에서 활용되는데, 이것은 학생이 실제로 이해했는지, 앵무새처럼 달달 외웠는지 알아내는 방법이다. 이런 **구술 시험**의 일부를 들어보자.

질문자: 자네의 소네트 첫 행 "당신을 여름날에 비할
　　　　수 있을까요?"에서 '봄날'을 써도 무방하거나
　　　　더 낫지 않을까?

답변자: 그러면 운율이 맞지 않아요.

질문자: '겨울날'은 어떨까? 그러면 운율이 맞을 것 같
　　　　은데.

답변자: 그렇긴 하지만 겨울날과 비교당하고 싶은 사
　　　　람은 아무도 없어요.

질문자: 픽윅 씨를 생각하면 성탄절이 떠오르나?

답변자: 그렇다고 볼 수 있죠.

질문자: 하지만 성탄절은 겨울날이잖나. 픽윅 씨는
　　　　겨울날과 비교당하는 것에 개의치 않을 것 같
　　　　은데.

답변자: 지금 진지하게 말씀하시는 건가요? 겨울날은
　　　　성탄절 같은 특별한 날이 아니라 전형적인 겨
　　　　울 어느 날을 뜻한다고요.

이런 식으로 문답을 이어갈 수 있다. 소네트를 쓰는 기계가
구술 시험에서 이런 답변을 내놓을 수 있다면 제퍼슨 교수는
뭐라고 말할까? 그가 기계의 답변을 '단순한 인위적 신호'로
여길지는 모르겠지만, 위의 문답에서처럼 답변이 만족스
럽고 일관되는데도 이것을 '손쉬운 수법'으로 치부할 수 있
을 것 같지는 않다. 제퍼슨 교수가 '손쉬운 수법'이라는 표현

을 쓴 것은 사람이 낭송한 소네트의 녹음을 기계에 넣어두고 적절한 시점에 켰다 껐다 하는 것 같은 방법을 포함하기 위해서인 듯하다.

요컨대 의식 논변을 지지하는 사람들은 유아론적 입장을 강요받기보다는 그 입장을 버리도록 설득될 수 있으리라 생각한다. 그러면 그들은 우리의 시험을 기꺼이 받아들일지도 모른다.

내가 의식에 아무런 신비도 없다고 생각한다는 인상을 주고 싶지는 않다. 이를테면 의식이 머무는 장소를 찾으려는 시도에는 역설적 측면이 있다. 하지만 이 신비가 풀려야만 이 논문에서 제기한 질문에 답할 수 있으리라고 생각지는 않는다.

(5) **다양한 행위 무능력 논변**. 이 논변들의 형식은 다음과 같다. "당신이 언급한 모든 일을 할 수 있는 기계를 당신이 만들 수 있다는 것은 인정하지만, X를 하는 기계는 결코 만들 수 없을 것이다." X의 자리에 넣을 수 있는 행위는 얼마든지 있다. 몇 가지만 골라보겠다.

> 자상하기, 지혜롭기, 아름답기, 친해지기(92쪽), 솔선하기, 유머 감각을 발휘하기, 옳고 그름을 분간하기, 실수를 저지르기(92쪽), 사랑에 빠지기, 생크림 딸기를 음미하기(92쪽), 사랑에 빠뜨리기, 경험에서 배우기(104쪽 이하), 언어를 올바로 구사하기, 스스로에 대해 생각하기(93~94쪽), 사람처럼 다양한 행동을 하기, 정

말 새로운 것을 하기(94~97쪽). (표시된 해당 페이지에서는 이 행위 무능력들을 구체적으로 논의한다.)

이런 진술은 근거가 제시되는 경우가 드문데, 대부분은 귀납 추론의 원리를 바탕으로 삼는 듯하다. 사람은 일생 동안 수천 개의 기계를 접한다. 그는 자신이 본 것으로부터 기계는 조잡하다, 극히 제한된 용도에 국한된다, 세분화된 용도에는 쓸모없다, 어떤 기계이든 행동의 폭이 매우 좁다 등등 여러 일반적 결론을 이끌어낸다. 그러면 이런 성질이 기계 일반에 필연적이라는 결론이 자연스럽게 도출된다. 그런데 이 한계 중 상당수는 대다수 기계의 저장 용량이 매우 작다는 데서 비롯한다. (여기서 나는 이산 상태 기계 이외의 기계를 포함하는 확장된 저장 용량 개념을 상정한다. 현재의 논의에서는 수학적 엄밀성을 요구하지 않으므로 정확한 정의는 중요하지 않다.) 디지털 컴퓨터가 거의 알려지지 않은 몇 해 전까지만 해도 기계의 구조를 서술하지 않은 채 단점만 거론해도 호응을 얻을 수 있었다. 그것은 귀납 추론의 원리를 엇비슷하게 적용한 탓인 듯하다. 물론 이런 적용은 대체로 무의식적으로 이루어진다. 화상을 입은 뒤로 불을 두려워하고 불을 가까이 하지 않음으로써 그 두려움을 표출하는 아이는 귀납 추론을 적용하고 있는 것이다. (물론 아이의 행동을 여러 가지 다른 방식으로 설명할 수도 있다.) 하지만 인류의 행위와 관습은 귀납 추론을 적용하기에는 그다지 알맞은 대상이 아닌 듯하다. 믿을 만한 결과를 얻겠다면 시공간

의 대부분을 조사해야 할 테니 말이다. 그러지 않으면 (영국
의 대다수 아이들처럼) 모두가 영어를 할 줄 알며 프랑스어
를 배우는 것은 바보짓이라고 판단할지도 모른다.

　　하지만 위에서 언급한 행위 무능력 중 상당수는 특별히
언급할 만하다. 생크림 딸기를 음미하지 못하는 행위 무능
력은 독자에게 한심하게 비칠지도 모른다. 그러나 이 맛있
는 디저트를 즐길 수 있는 기계를 만들 수 있을지는 몰라도
그런 시도는 죄다 어리석은 짓일 것이다. 이 행위 무능력에
서 중요한 것은 다른 행위 무능력들, 이를테면 백인과 백인
사이에서나 흑인과 흑인 사이에서와 같은 종류의 우정이 인
간과 기계 사이에서 생기기 힘들다는 점에 영향을 미친다는
것이다.

　　"기계는 실수를 저지를 수 없다."라는 주장은 흥미로
워 보인다. 혹자는 이렇게 받아치고 싶을 것이다. "그게 뭐
가 나쁘다는 거지?" 하지만 더 너그러운 태도를 취하여 저
말의 속뜻이 무엇인지 살펴보도록 하자. 나는 이 비판을 흉
내 게임의 관점에서 설명할 수 있다고 생각한다. 질문자가
계산 문제를 많이 내기만 하면 기계와 인간을 분간할 수 있
다는 주장이 있다. 무지막지한 정확성 때문에 기계의 정체
가 탄로날 테니 말이다. 이 주장은 쉽게 반박할 수 있다. (흉
내 게임을 하도록 프로그래밍 된) 기계는 계산 문제에 대해
정답을 내놓으려 하지 않고 질문자가 속아넘어가도록 의도
적으로 실수를 저지를 것이다. 그런가 하면 기계적 결함 때
문에 엉뚱한 계산 실수를 저지를 수도 있다. 위의 비판을 이

렇게 해석하는 것도 충분히 너그러운 것은 아니지만, 지면
이 부족하여 이 문제를 깊이 파고들 수는 없다. 내가 보기에
이 비판은 두 종류의 오류를 혼동한 탓이다. 이것을 각각 '기
능 오류'와 '결론 오류'로 부를 수 있다. 기능 오류는 기계적
결함이나 전기적 결함 때문에 기계가 설계와 다르게 행동하
는 것이다. 철학 논의에서는 이런 오류의 가능성을 배제하
고 싶어 하므로 '추상적 기계'를 논의하는데, 이런 추상적 기
계는 물리적 실체라기보다는 수학적 허구다. 정의상 추상적
기계는 기능 오류를 저지를 수 없다. 이 의미에서라면 "기계
는 결코 실수를 저지를 수 없다."라고 해도 틀린 말이 아니
다. 한편 결론 오류는 기계에서 나오는 출력 신호에 의미를
부여할 때만 생긴다. 이를테면 기계는 수학 방정식을 출력
할 수도 있고 영어 문장을 출력할 수도 있다. 잘못된 명제가
출력되면 우리는 기계가 결론 오류를 저질렀다고 말한다.
기계가 이런 종류의 실수를 저지를 수 없다고 말할 이유는
전혀 없다. 어떤 기계는 아무것도 하지 않고 '0=1'만 계속해
서 출력할 수도 있다. 덜 극단적인 예를 들자면 귀납 추론으
로 결론을 이끌어 내는 방법이 있을 수 있다. 그런 방법은 이
따금 잘못된 결과를 낳을 수밖에 없다.

　　물론 기계가 스스로에게 생각의 대상이 될 수 없다는
주장에 답하려면 기계가 어떤 생각거리에 대해 생각한다는
것을 먼저 입증해야 한다. 그럼에도 '기계 동작의 생각거리'
는 무언가를—적어도 그 기계를 다루는 사람들에게는—의
미하는 것으로 보인다. 이를테면 기계가 $x^2 - 40x - 11 = 0$이

라는 방정식의 해를 계산하는 것을 보면 이 방정식을 지금 이 순간 기계의 생각거리로 간주하려는 유혹을 느낄 것이다. 이런 의미에서 기계가 기계 자신의 생각거리가 될 수 있음은 의심할 여지가 없다. 이 생각거리는 자신의 프로그램을 만드는 데 쓰일 수도 있고 자신의 구조에 어떤 변화가 일어날지 예측하는 데 쓰일 수도 있다. 자신의 행동이 낳은 결과를 관찰함으로써 기계는 목표를 더 효과적으로 달성할 수 있도록 자신의 프로그램을 수정할 수 있다. 이것은 유토피아적 몽상이 아니라 가까운 미래의 가능성이다.

기계가 다양한 행동을 할 수 없다는 비판은 기계가 큰 저장 용량을 가질 수 없다는 말과 같다. 하긴 최근까지도 1,000자릿수의 저장 용량조차 매우 드물었으니 말이다.

여기서 우리가 고려하는 비판들은 종종 의식 논변의 형태로 위장하고 있다. 어떤 사람이 '기계가 이 중 하나를 할 수 있다'라고 주장하고 '기계가 이용할 수 있는 방법의 종류'를 묘사한다면 그는 별다른 인상을 남기지 못할 것이며, 그 방법은—그것이 무엇이건 기계적일 수밖에 없기에—실제로 꽤 열등하다고 치부된다. 이 주장을 87~88쪽에 인용된 제퍼슨의 발언에서 괄호 안의 문구와 비교해 보라.[5]

(6) 러브레이스 부인의 반론. 배비지의 해석 기관에 대한 가장 상세한 내용은 러브레이스 부인의 비망록에 담겨 있다. 그녀는 이렇게 말한다. "해석 기관은 결코 독창적인 일을 하는 척하지 않는다. 기계는 우리가 어떻게 **명령해야 할지 아는 모든 일을 할 수 있다**"(강조는 러브레이스). 하트리는 이 문장

---

[5]   "(손쉬운 수법으로 단순한 인위적 신호를 보내는 것이 아니라)"에 해당하는 부분. -옮긴이

을 인용하고서 다음과 같이 덧붙였다. "그렇다고 해서 '스스로 생각하'거나 (생물학 용어로) '학습'의 토대가 될 조건 반사를 구성할 수 있는 전자 장치를 만드는 것이 가능할 수도 있다는 말은 아니다. 이것이 이론상 가능한지 여부는 최근의 몇 가지 발전에서 제기된 흥미로운 물음이다. 하지만 당시에 제작되거나 구상된 기계들에는 이 능력이 없었던 듯하다."

이 점에 대해 나는 하트리에게 전적으로 동의한다. 뒤에서 언급하겠지만 하트리는 문제의 기계에 그 능력이 있지 않았다고 단언하는 것이 아니라 기계에 그 능력이 있었다고 믿을 만한 증거를 러브레이스 부인이 접할 수 없었다고 말하고 있다. 문제의 기계가 어떤 의미에서 이 능력을 가졌을 가능성도 얼마든지 있다. 어떤 이산 상태 기계가 그 능력을 가졌다고 가정해 보라. 해석 기관은 만능 디지털 컴퓨터였으므로, 저장 용량과 속도가 적절했다면 알맞은 프로그래밍을 통해 문제의 기계를 흉내 내도록 할 수 있었을 것이다. 러브레이스나 배비지는 이 논변을 떠올리지 못했을 테지만, 어쨌든 주장할 수 있는 것을 모두 주장할 의무는 그들에게 없었다.

이 모든 문제는 '학습하는 기계'라는 절에서 다시 살펴볼 것이다.

러브레이스 부인이 제시한 반론의 한 가지 변종은 기계가 "정말로 새로운 것은 아무것도 할 수 없"다는 것이다. 이것은 "해 아래 새것이 없다"라는 격언으로 잠깐은 막아 낼 수 있다. 자신이 해낸 '독창적인 일'이 단순히 배움에 의해 자신에게 심어진 씨앗이 자라거나 널리 알려진 일반 원리를 따른 결과가 아니라고 누가 확신할 수 있겠는가? 이 반론의 더 나은 변종은 기계가 결코 "우리를 놀라게 하지 못한"다는 것이다. 이 주장은 더 직설적인 도전이며 직설적으로 상대할 수 있다. 기계는 우리를 끊임없이 놀라게 한다. 그 이유는 내가 기계로부터 무엇을 기대할지 판단할 수 있을 만큼 꼼꼼히 계산하지 않기 때문이며 계산하더라도 (틀릴) 위험을 감수하고 급하게 대충 하기 때문이기도 하다. 이렇게 혼잣말을 할 수도 있겠다. '여기 전압이 저기와 같아야 할 것 같은데. 어쨌든 그렇다고 치자.' 계산은 당연히 곧잘 틀리며 나는 결과에 놀란다. 실험이 끝났을 즈음에는 처음의 가정을 잊었기 때문이다. 하지만 이런 실수를 인정하더라도 경솔했다는 잔소리를 들을지언정 자신이 경험한 놀라움의 진위를 의심받지는 않는다.

　　이 대답이 비판을 잠재우리라 기대하지는 않는다. 이런 놀람은 창조적 정신 작용 때문이지 기계와는 무관하다는 반응이 나올지도 모르겠다. 그러면 우리는 놀람 개념과 동떨어진 의식 논변으로 돌아가게 된다. 이 논증의 흐름은 닫힌 것으로 봐야겠지만, 놀람 같은 것을 경험하려면 '창조적 정신 작용'이 필요하다는 사실은 눈여겨볼 만하다. 놀라게 하는 사건이 사람에게서 비롯했는지 책이나 기계나 다른 무엇에서 비롯했는지는 상관없다.

　　기계가 놀람을 일으키지 못한다는 견해는 철학자와 수

학자에게 특히 흔한 오류 때문이라고 믿는다. 그것은 어떤 사실이 마음에 제시되자마자 그 사실의 모든 결과가 동시에 마음에 떠오른다는 가정이다. 여러 상황에서 매우 유용한 가정이긴 하지만, 사람들은 이것이 거짓임을 너무 쉽게 잊는다. 이는 단순히 데이터와 일반 원리의 결과를 가지고 작업하는 것에 아무런 가치가 없다는 가정으로 이어진다.

(7) 신경계와의 연관성 논변. 신경계가 이산 상태 기계가 아님은 분명하다. 신경 세포에 가해지는 신경 자극의 크기가 조금만 달라져도 출력 자극의 크기가 확 달라질 수 있다. 혹자는 그런 이유로 이산 상태 체계가 신경계의 행동을 흉내 내리라 기대할 수는 없다고 주장할 것이다.

이산 상태 기계가 연속 기계와 다를 수밖에 없음은 사실이다. 하지만 흉내 게임의 조건을 그대로 둔다면 질문자는 이 차이를 전혀 활용할 수 없을 것이다. 더 단순한 연속 기계를 몇 가지 살펴보면 이 상황을 더 분명히 이해할 수 있다. 미분 해석기가 좋겠다. (미분 해석기는 몇 가지 계산에 쓰이며 이산 상태 기계가 아니다.) 일부 미분 해석기는 답을 타이핑하여 출력하므로 흉내 게임에 참가할 수 있다. 미분 해석기가 문제에 대해 정확히 어떤 답을 내놓을지 디지털 컴퓨터가 예측하는 것은 가능하지 않겠지만, 미분 해석기는 올바른 답을 내놓을 가능성이 꽤 클 것이다. 이를테면 π 값(실제로는 약 3.1416)을 구하라고 했을 때 미분 해석기가 (이를테면) 각각 0.05, 0.15, 0.55, 0.19, 0.06의 확률로 3.12, 3.13, 3.14, 3.15, 3.16의 값 중에서 하나를 무작위로 고르는 것은 합리적일 것이다. 이런 상황에서 질문자가 미분 해석기와 디지털 컴퓨터를 구별하기란 매우 힘든 일이다.

(8) 비격식적 행동 논변. 상상할 수 있는 모든 상황에서 사람이 어떻게 행동해야 하는가를 규칙으로 간추리는 것은 불가능하다. 이를테면 빨간색 신호등을 보면 멈추고 초록색 신호등을 보면 건너라는 규칙을 가질 수는 있지만, 신호등이 고장나 둘 다 켜지면 어떻게 해야 할까? 멈추는 게 안전하다고 판단할 수도 있겠지만, 이 결정 때문에 나중에 다른 문제가 생길 수도 있다. 모든 사태를 아우르는 행동 규칙을 제시하는 것은 심지어 신호등의 경우로 한정하더라도 불가능해 보인다. 나는 이 모든 논변에 동의한다.

이로부터 우리가 기계일 수 없다는 주장이 도출된다. 나는 이 주장을 바꿔 표현할 텐데, 공정하게 대하지 못할까 봐 걱정스럽다. 나의 표현은 다음과 같다. "삶을 지배하는 유한한 행위 규칙을 가진 사람은 기계보다 나을 것이 없다. 하지만 그런 규칙은 없으므로 인간은 기계일 수 없다." 매개념부주연의 오류[6]가 뚜렷이 눈에 띈다. 위의 논변이 꼭 이런 식이라고 생각하지는 않지만, 그럼에도 이 논변이 이용되고 있다고 믿는다. 하지만 '행위 규칙'과 '행동 법칙'을 혼동하면 논의가 모호해질 수 있다. 내가 말하는 '행위 규칙'이란 '빨간불을 보면 멈추라'와 같은 명령이다. 우리는 이에 따라 행동할 수 있고 이를 의식할 수 있다. 반면에 '행동 법칙'이란 '상대방을 꼬집으면 비명을 지를 것이다'처럼 자연 법칙이 인체에 적용된 것을 말한다. 앞에서 인용한 논변에서 '삶

---

[6]   두 전제에서 각각 대상의 서로 다른 부분을 지칭하여 타당한
       결론을 내리지 못하는 오류. -옮긴이

을 지배하는 행위 규칙'을 '삶을 지배하는 행동 법칙'으로 대체하면 매개념 부주연의 오류에 빠지지 않을 수 있다. 우리는 행동 법칙에 지배되는 존재가 일종의 기계이며—반드시 이산 상태 기계일 필요는 없지만—역으로 그런 기계가 그런 법칙에 지배된다고 믿기 때문이다. 하지만 온전한 행위 규칙이 없다고 생각할 수는 있지만 온전한 행동 법칙이 없다고는 쉽게 상상할 수 없다. 우리가 알기로 그런 법칙을 찾는 유일한 방법은 귀납적 관찰이며, 우리는 "찾아볼 만큼 찾아봤는데 그런 법칙은 없다."라고 말할 수 있는 상황이 존재하지 않음을 확실히 안다.

　그런 논변이 모두 정당화될 수 없음을 더 확고하게 입증할 수도 있다. 그런 법칙이 만일 존재한다면 우리가 반드시 찾을 수 있으리라고 가정해 보자. 그러면 어떤 이산 상태 기계가 주어졌을 때 그것은 미래 행동을 예측하기에 충분한 정보를, 그것도 적당한 기간—이를테면 1000년—안에 반드시 관찰로 발견할 수 있을 것이다. 하지만 현실은 그렇지 않은 듯하다. 나는 맨체스터 컴퓨터에 1,000개의 저장 단위만을 이용하는 작은 프로그램을 설치했는데, 이 기계는 16자리 수를 입력했을 때 2초 안에 답을 내놓는다. 어떤 사람도 이 답만 가지고서, 시도되지 않은 입력값에 대한 답을 예측하기에 충분한 정보를 얻지 못할 것이다.

　(9) **초감각 지각 논변.** 나는 독자들이 초감각 지각 개념과 네 가지 초감각 지각 능력(텔레파시, 투시, 예지, 염력)의 의미에 친숙하다고 가정한다. 이 난감한 현상들은 우리의 정

상적 과학 개념을 모조리 부정하는 듯하다. 우리는 초감각 지각을 얼마나 깎아내리고 싶어 하는지! 안타깝게도 초감각 지각을 뒷받침하는 통계적 근거는—적어도 텔레파시의 경우—엄청나게 많다. 이 새로운 사실에 들어맞도록 자신의 관념을 재구성하기란 여간 힘든 일이 아닌데, 일단 초감각 지각을 받아들이면 심령과 악령을 믿는 것은 시간문제다. 우리 몸이 알려진 물리 법칙과 (아직 발견되지는 않았지만) 그와 대동소이한 법칙에 따라서만 움직인다는 관념이 가장 먼저 철폐될 것이다.

　　내가 보기에 이것은 매우 강력한 논변이다. 이에 대한 한 가지 답변은 많은 과학 이론이 초감각 지각과 상충함에도 여전히 현실에서 유효하다는 것이다. 사실상 초감각 지각을 무시해도 살아가는 데는 지장이 없다. 하지만 이것은 별로 위안이 되지 못한다. 생각이 초감각 지각과 유난히 밀접한 관계가 있는 현상일지도 모른다는 두려움 때문이다.

　　초감각 지각에 바탕을 둔 더 구체적인 논변은 다음과 같다. "텔레파시 수신 능력이 뛰어난 사람과 디지털 컴퓨터가 답변자로 참가하는 흉내 게임을 생각해 보라. 질문자는 '제 오른손에 있는 카드가 무슨 패인가요?' 같은 질문을 던질 수 있다. 텔레파시나 투시력을 가진 사람은 400번 중 130번을 맞히지만 컴퓨터는 무작위 추측만 할 수 있으므로 104번만 맞힌다. 따라서 질문자는 누가 컴퓨터인지 알아맞힌다." 여기서 흥미로운 가능성이 제기된다. 디지털 컴퓨터에 난수 발생기가 들어 있다고 가정해 보라. 그러면 컴퓨터는 어떤 답을 내놓을지 결정할 때 당연히 난수 발생기를 이용할 것이다. 하지만 그 경우 난수 발생기는 질문자의 염력에 감응할 것이다. 이 염력 덕에 컴퓨터는 확률 계산에서 예상되는 것보다 더 자주 정답을 추측할지도 모른다. 그러니 질문자는 여전히 누가 컴퓨터인지 알아맞히지 못할 수도 있다. 다른 한편으로 질문자는 아무 질문도 던지지 않고 투시력으로 누가 컴퓨터인지 알아낼지도 모른다. 초감각 지각이 있으면 못할 일이 없다.

텔레파시가 허용된다면 시험 요건을 엄격하게 해야 할 것이다. 텔레파시는 참가자 중 한 명이 벽에 귀를 대고 질문자의 혼잣말을 엿듣는 것과 비슷하다. 모든 요건을 충족하려면 참가자들을 '텔레파시 차단 방'에 넣어야 할 것이다.

7.   학습하는 기계

독자들은 내가 스스로의 견해를 뒷받침하는 적극적이고 설득력 있는 논변을 하나도 준비하지 못했다고 짐작하고 있을 것이다. 그러지 않았다면 반대 견해의 오류나 시시콜콜 지적하고 있지는 않았을 테니 말이다. 하지만 이제 그런 증거를 내놓도록 하겠다.

잠시 러브레이스 부인의 반론으로 돌아가자. 그녀는 우리가 시키는 일만 기계가 할 수 있다고 주장했다. 혹자는 사람이 기계에 관념을 '주입'할 수 있으며 기계가 한동안 반응하다가 정지할 것이라고 말할지도 모른다. 피아노선을 해

머로 두들기는 것처럼 말이다. 다른 비유로는 임계 크기 이하의 원자 덩어리를 들 수 있다. 기계에 주입한 관념은 밖에서 원자 덩어리에 유입되는 중성자에 해당한다. 각각의 중성자는 일정한 교란을 일으킬 테지만 교란은 결국 사그라들 것이다. 하지만 원자 덩어리의 크기가 충분히 커지면 이렇게 유입된 중성자로 인한 교란이 점점 커져 전체 덩어리가 쪼개질 수도 있다. 마음에도 이에 해당하는 현상이 있을까? 기계에 대해서는 어떨까? 실제로 인간의 마음과 관련하여 그런 현상을 한 가지 생각해 볼 수 있다. 인간의 마음은 대부분 '아임계적(sub-critical)'이다. 즉, 앞의 비유에서 임계 크기 이하의 원자 덩어리에 해당한다. 이런 부분에 제시된 관념이 일으키는 반응은 평균적으로 하나의 관념에 미달할 것이다. 그런데 인간의 마음에서 극히 일부분은 초임계적(super-critical)이다. 이런 부분에 제시된 관념은 2차 관념, 3차 관념, 그 이상의 관념으로 이루어진 '이론' 전체를 발생시킬지도 모른다. 동물의 마음은 틀림없이 아임계적일 것이다. 이 비유를 고수하면서 우리는 이렇게 묻는다. "초임계적인 기계를 만들 수 있을까?"

　'양파 껍질' 비유도 이해에 도움이 된다. 마음이나 뇌의 기능을 들여다보면 순전히 수학적 측면에서 설명할 수 있는 작업들을 발견할 수 있는데, 우리는 이것이 진짜 마음에 해당하지 않으며 이 껍질을 벗겨 내야만 진짜 마음을 찾을 수 있다고 말한다. 하지만 그렇게 남은 것에서도 우리는 벗겨 낼 껍질을 발견한다. 그 껍질을 벗겨 내도 마찬가지다. 이런 식으로 계속 나아가면 언젠가 '진짜' 마음에 이르게 될까, 아니면 안에 아무것도 없는 껍질에 이르게 될까? 후자의 경우라면 마음은 총체적으로 볼 때 기계적이다. (하지만 앞에서 보았듯 이산 상태 기계는 아닐 것이다.)

위의 두 문단은 설득력 있는 논변이라기보다는 "믿음을 자아내려는 암송"에 가깝다.

6절 첫머리에서 표명한 견해를 뒷받침할 수 있는 유일한 방법은 20세기 말까지 기다렸다가 위에서 묘사한 실험을 하는 것뿐이다. 하지만 그때까지는 무슨 말을 할 수 있을까? 실험에 성공하려면 지금부터 어떤 단계를 밟아야 할까?

앞에서 설명했듯 관건은 프로그래밍이다. 공학도 더 발전해야 할 테지만, 실험의 요건에 미치지 못할 가능성은 희박하다. 뇌의 저장 용량은 $10^{10} \sim 10^{15}$자리의 이진수로 추정된다. 나는 적은 쪽이라고 생각하며, 그중 극히 일부만이 고차원적 생각에 쓰일 것이라 믿는다. 대부분은 시각 기억에 쓰일 것이다. 만일 맹인을 대상으로 흉내 게임을 만족스럽게 수행하는 데 필요한 저장 용량이 10^9자리 이상이라면 놀랄 것이다. (참고: 『브리태니커 백과사전』 11판의 용량이 2×10^9자리다.) 10^7자리의 저장 용량은 현재의 기술로도 얼마든지 구현할 수 있다. 기계의 동작 속도를 끌어올릴 필요는 전혀 없을 것이다. 현대 기계에서 신경 세포에 비유할 수 있는 부분은 신경 세포보다 약 1,000배 빨리 동작한다. 이 정도면 여러 방면에서 발생하는 속도 손실을 보완할 '안전 한계'로 충분하다. 그렇다면 문제는 이 기계가 흉내 게임을 하도록 하려면 어떻게 프로그래밍 해야 할 것인가. 지금 나의 작업 속도로는 하루에 약 1,000자리의 프로그램을 짤 수 있으니 약 60명의 프로그래머가 50년간 꾸준히 일하고 어떤 코드도 휴지통 신세가 되지 않는다면 임무를 달성할 수 있을 것이다. 더 효율적인 방법이 있다면야 좋겠지만.

성인의 마음을 흉내 내려는 과정에서 어떤 과정이 마음을 그 상태에 이르게 했는지 곰곰이 따져보면 세 가지 요소를 발견할 수 있다.

> (*a*) (출생시) 마음의 초기 상태,
>
> (*b*) 마음이 받은 교육,
>
> (*c*) (교육은 아니지만) 마음이 겪은 경험.

그런데 성인의 마음보다는 차라리 아동의 마음을 흉내 내는 프로그램을 만드는 것은 어떨까? 그런 다음 적절한 교육 과정을 거치게 하면 성인의 뇌를 얻을 수 있지 않을까? 아동의 뇌는 문구점에서 파는 공책처럼 메커니즘은 별로 없고 여백은 많다. (메커니즘과 글자는 우리의 관점에서 동의어에 가깝다.) 우리는 아동의 뇌에 들어 있는 메커니즘이 아주 작아서 기계로 쉽게 프로그래밍 할 수 있기를 바란다. 언뜻 추산하기에 기계를 교육하는 데 필요한 일의 양은 인간 아동과 거의 같으리라 가정할 수 있다.

그리하여 우리는 문제를 아동 프로그램과 교육 과정의 두 부분으로 나눴다. 이 두 부분은 매우 긴밀하게 연결되어 있다. 처음부터 좋은 아동 기계를 찾으리라 기대할 수는 없다. 시험 삼아 가르치면서 얼마나 잘 배우는지 살펴봐야 한다. 그런 다음 다른 기계를 가르치면서 학습 능력을 비교할 수 있다. 이 과정과 진화 사이에는 분명히 짝지을 수 있는 요소들이 있다.

아동 기계의 구조 = 유전 물질
아동 기계의 변화 = 돌연변이
자연 선택 = 실험자의 판단

하지만 이 과정이 진화보다 더 효율적이면 좋을 것이다. 적자생존은 장점을 측정하기에는 굼뜬 방법이다. 우리는 지력을 발휘하여 속도를 끌어올릴 수 있어야 한다. 이에 못지않게 중요한 사실은 무작위 돌연변이의 제약을 받지 않는다는 것이다. 하지만 단점의 원인을 찾을 수 있다면 어떤 돌연변이가 그 단점을 개선할지 궁리할 수 있을 것이다.

정상적 아동을 가르치는 과정을 기계에 똑같이 적용할 수는 없을 것이다. 이를테면 기계는 다리가 없으므로 밖에 나가서 통에 석탄을 채우라는 지시를 따르지 못한다. 어쩌면 눈도 없을 것이다. 이런 결함이야 기발한 공학으로 해결할 수 있다지만, 이 기계를 학교에 보내면 다른 학생들의 놀림감이 되고 말 것이다. 기계는 가정 교사에게 교육을 받아야 한다. 다리나 눈에 대해 너무 걱정할 필요는 없다. 헬렌 켈러 여사의 사례에서 보듯 어떤 수단을 통해서든 교사와 학생이 양방향으로 소통할 수만 있다면 교육이 가능하기 때문이다.

　'가르치는 과정' 하면 우리는 으레 처벌과 보상을 떠올린다. 단순한 아동 기계 중 어떤 것들은 처벌과 보상의 원리로 제작하거나 프로그래밍 할 수 있다. 이런 기계는 처벌 신호에 앞서 일어난 사건이 반복될 확률이 작아지고 보상 신호에 앞서 일어난 사건이 반복될 확률이 커지도록 해야 한다. 이 정의는 기계에게 어떤 감정도 전제하지 않는다. 나는 이런 아동 기계를 실험하여 몇 가지를 가르치는 데는 성공했으나, 교육 방법이 특이해서 실험이 정말 성공했다고 자부하기는 힘들다.

　처벌과 보상을 동원하는 것은 기껏해야 교육 과정의 '일부'일 뿐이다. 대략적으로 말하자면 처벌과 보상 이외에 교사가 학생과 소통할 수단이 전혀 없다면 학생에게 전달될 수 있는 정보의 양은 보상과 처벌의 총 횟수를 넘지 못한다. 「카사비앙카Casabianca」를 스무고개 방식으로만 배워야 하되 '아니오' 대신 매를 맞는다면, 아동이 이 시를 암송할 때쯤이면 잔뜩 골이 나 있을 것이다. 따라서 다른 '비정서적' 소통 수단이 필요하다. 그런 수단을 얻을 수 있다면 기계로 하여금 일종의 언어(이를테면 기호 언어)로 전달되는 명령을 따르도록 가르칠 수 있다(물론 언어 명령을 따르는 것 자체는 처벌과 보상을 통해 가르쳐야겠지만). 이 명령은 '비정서적' 수단을 통해 전달될 것이며 이 언어를 쓰면 필요한 처벌과 보상의 횟수가 부쩍 줄 것이다.

　　아동 기계가 얼마나 복잡해야 하는가에 대해서는 저마다 의견이 다를 수 있다. 어떤 사람은 일반 원리에 부합하는 한에서 최대한 단순하게 만들려고 할 것이다. 또 어떤 사람은 완전한 논리 추론 체계를 '내장'[7]시킬 것이다. 후자의 경우 저장소에는 주로 정의와 명제가 들어 있을 것이다. 명제는 확립된 사실, 추측, 수학적으로 입증된 정리, 권위자의 진술, 명제의 논리적 형태는 갖췄으되 신뢰값은 없는 표현 등 다양한 지위를 가질 수 있다. 어떤 명제는 '명령'으로 서술될지도 모른다. 기계는 명령이 '확립된 사실'로 분류되는 즉시 그에 해당하는 행동을 저절로 취하도록 제작되어야 한다. 이를 이해하려면 교사가 기계에서 "지금 숙제를 해."라고 말한다고 가정해 보라. 기계는 교사의 말을 듣고서 "선생님이 '지금 숙제를 해'라고 말씀하신다."를 확립된 사실에 포함할 것이다. 또 다른 확립된 사실로는 "선생님이 말씀하시는 것은 모두 참이다."가 있을 수 있다. 이 사실들을 조합하면 "지금 숙제를 해."라는 명령은 확립된 사실에 포함되며 이것은 기계의 설정에 의해 숙제가 실제로 시작되는 것을 의미한다. 하지만 결과는 썩 만족스럽지 못할 것이다. 기계가 쓰는 추론 과정이 가장 엄밀한 논리학자까지도 만족시킬 필요는 없다. 이를테면 유형(類型)의 서열이 전혀 없을지도 모른다. 하지만 그렇다고 해서 유형 오류가 반드시 일어난다는 뜻은 아니다. 절벽에 난간이 없다고 해서 우리가 반드시 떨어지는 것은 아니듯 말이다. "교사가 언급한 분류의 하위분류만 이용하라." 같은 적절한 명령은—이런 명령

[7]　　아동 기계는 디지털 컴퓨터에 프로그래밍 될 것이므로 '프로그래밍' 된다고 말할 수도 있다. 하지만 논리 체계는 학습될 필요가 없을 것이다.

은 체계의 규칙의 일부를 형성하지 않고 체계 내에서 표현된
다—"가장자리에 너무 가까이 가지 말라."와 비슷한 효과를
낼 수 있다.

　팔다리가 없는 기계가 따를 수 있는 명령은 위의 숙제
사례에서 보듯 다소 지적인 것에 국한된다. 이런 명령 중에
서 중요한 것은 관련된 논리 체계의 규칙을 어떤 순서대로
적용할 것인가에 대한 명령이다. 논리 체계를 이용하는 각
단계에는 수많은 대안적 단계가 있기 때문이다(논리 체계의
규칙을 따른다는 측면에서만 보자면 이 대안적 단계들은 모
두 허용된다). 이 선택들은 옳고 그름의 차이가 아니라 좋고
나쁨의 차이를 낳는다. 이런 종류의 명령으로 이어지는 명
제로는 "소크라테스가 언급되었을 때 바버라에게서 삼단 논
법을 이용하라."나 "한 방법이 다른 방법보다 빠르다는 것이
입증되면 더 느린 방법을 이용하지 말라." 등이 있을 것이다.
이 중 일부는 "권위에 의해 주어질" 수도 있겠지만 기계 자
체, 즉 귀납에 의해 생산되는 것도 있을 것이다.

　학습하는 기계 개념은 일부 독자에게는 역설적으로 들
릴지도 모르겠다. 기계의 동작 규칙이 어떻게 달라질 수 있
겠는가? 기계의 규칙들은 기계의 내력이 어떻든 기계가 어
떤 변화를 겪든 기계가 어떻게 반응할지를 완벽하게 서술해
야 한다. 따라서 이 규칙들은 지극히 시간 불변이다. 이것은
지극히 참이다. 이 역설은 학습 과정에서 달라지는 규칙들
이 비교적 덜 확정적이어서 잠정적 유효성만을 주장한다는
것으로 설명할 수 있다. 미국 헌법과 비교하면 이해하기 쉬

울 것이다.

　학습하는 기계의 중요한 특징은 교사가 기계 내부에서 무엇이 일어나는지 거의 모르면서도 학생의 행동을 어느 정도 예측할 수 있다는 것이다. 이것은 충분한 시행착오를 거친 설계(또는 프로그램)가 내장된 아동 기계를 나중에 교육하는 경우에 가장 잘 맞아떨어지며 기계를 계산에 이용하는 정상적 절차와 뚜렷이 대조된다. 후자에서의 목표는 계산의 각 순간에 기계의 상태에 대해 명확한 정신적 그림을 가지는 것이다. 이 목표를 달성하기란 여간 힘든 일이 아니다. '기계는 우리가 어떻게 명령해야 할지 아는 일만 할 수 있다'[8]라는 견해는 이 점에서 이상해 보인다. 기계에 집어넣을 수 있는 프로그램은 대부분 우리가 전혀 이해하지 못하는 행동이나 우리가 보기에 완전히 임의적인 행동으로 이어진다. 지적인 행동의 요건은 완벽하게 틀에 맞는 계산 행위에서 벗어나는 것일 테지만, 그것은 임의적인 행동이나 무의미한 반복적 순환을 일으키지 않는 작은 일탈이다. 가르치고 배우는 과정을 통해 우리의 기계가 흉내 게임에 참가하도록 준비시킬 때의 또 다른 중요한 결과는 '인간적 오류 가능성'을 꽤 자연스럽게, 즉 특별 지도 없이 심을 수 있다는 것이다. (독자는 이것이 92쪽의 논점과 부합하도록 해야 한다.)[9] 학습되는 과정들은 결과의 확실성을 100퍼센트로 산출하지 않는다. 그러면 학습 내용을 돌이킬 수 없기 때문이다.

　학습하는 기계에 임의적 요소를 포함하는 것은 현명한

[8]　94쪽에 인용된 러브레이스 부인의 말과 어떻게 다른지 비교해 보라. ("해석 기관은 결코 독창적인 일을 하는 척하지 않는다. 기계는 우리가 어떻게 명령해야 할지 아는 모든 일을 할 수 있다."에 해당함. -옮긴이)

[9]　"'기계는 실수를 저지를 수 없다,'라는 주장은 흥미로워 보인다." 이후에 해당하는 부분임. -옮긴이

조치일 것이다(76쪽을 보라).[10] 임의적 요소는 일부 문제의 해를 찾을 때 요긴하다. 이를테면 50과 200사이의 숫자 중에서 각 자리 숫자의 합의 제곱과 같은 것을 찾는다고 가정해보자. 우리는 51, 52, 53의 순서로 답이 나올 때까지 시도할 수도 있고 임의의 숫자를 골라서 답이 나올 때까지 시도할 수도 있다. 두 번째 방법의 장점은 직전에 시도한 숫자를 기억할 필요가 없다는 것이고 단점은 같은 숫자를 두 번 시도할 수 있다는 것이다(하지만 해가 여러 개이면 이 단점은 별로 중요하지 않다). 규칙적인 첫 번째 방법의 단점은 맨 처음 살펴보는 구간에 한참 동안 해가 없을 가능성이 있다는 것이다. 이제 학습 과정은 교사(또는 그 밖의 기준)를 만족시키는 형태의 행동을 찾는 것으로 간주할 수 있다. 해의 개수는 매우 많을 것이므로 임의적 방식이 규칙적 방식보다 나아 보인다. 진화 과정에서는 임의적 방식만 가능하고 규칙적 방식은 불가능하다. 같은 유전자 조합을 두 번 시도하는 일을 피하고 싶어도 이전의 조합을 기억할 방법이 없기 때문이다.

　　순전히 지적인 분야에서는 언젠가 기계가 인간과 경쟁할 것이라 기대할 수도 있을 것이다. 하지만 어떤 분야에서 시작하는 것이 최선일까? 이것을 결정하는 것조차 쉬운 일이 아니다. 많은 사람은 체스 같은 매우 추상적인 활동에서 시작하는 것이 최선이라고 생각한다. 자금이 허락하는 한 가장 좋은 감각 기관을 기계에 달아주고서 영어 듣고 말하기를 가르치는 것이 최선이라고 주장할 수도 있다. 이 과정

---

[10]　"디지털 컴퓨터 개념의 흥미로운 변종은 '임의적 요소가 있는 디지털 컴퓨터'다."에 해당하는 부분임. -옮긴이

은 아동을 가르칠 때와 같을 것이다. 이를테면 물건을 가리
키면서 이름을 알려줄 수 있다. 다시 말하지만 나는 정답은
알지 못하며 두 접근법을 다 시도해야 한다고 생각한다.
우리는 바로 앞만 내다볼 수 있을 뿐이지만, 그동안에
도 해야 할 일은 얼마든지 있다.

참고 문헌

Samuel Butler, *Erewhon*, London, 1865. Chapters 23, 24, 25,
　The Book of the Machines. 한국어판은 『에레혼』(김영사,
　2018).

Alonzo Church, "An Unsolvable Problem of Elementary
　Number Theory", *American Journal of Mathematics*, 58
　(1936), 345-363.

K. Gödel, "Über formal unentscheidbare Sätze der Principia
　Mathematica und verwandter Systeme I", *Monatshefte
　für Mathematik und Physik* (1931), 173-189.

D. R. Hartree, *Calculating Instruments and Machines*, New
　York, 1949.

S. C. Kleene, "General Recursive Functions of Natural
　Numbers", *American Journal of Mathematics*, 57 (1935),
　153-173 and 219-244.

G. Jefferson, "The Mind of Mechanical Man". Lister Oration

for 1949. *British Medical Journal*, vol. i (1949), 1105 – 1121.

Countess of Lovelace, 'Translator's Notes to an Article on Babbage's Analytical Engine', *Scientific Memoirs* (ed. by R. Taylor), vol. 3 (1842), 691–731.

Bertrand Russell, *History of Western Philosophy*, London, 1940. 한국어판은 『서양 철학사』(집문당, 2017).

A. M. Turing, "On Computable Numbers, with an Application to the Entscheidungsproblem" (Chapter 1).

3

지능을 가진 기계라는 이단적 이론
Intelligent Machinery,
a Heretical Theory

1951년경 튜링의 맨체스터 강연.

"나 대신 생각하는 기계를 만들 수는 없다." 이 말은 대체로 의심 없이 상식으로 받아들여집니다. 이 글의 목표는 여기에 의문을 제기하는 것입니다.

상업용으로 개발된 기계는 대부분 매우 특수한 작업을 꽤 빠른 속도로 확실하게 실행하고자 합니다. 똑같은 일련의 작업을 아무 변화 없이 반복해서 실행하는 경우도 아주 많습니다. 많은 사람들은 현재의 실제 기계가 이런 성격을 가졌다는 사실을 앞에 인용한 단언을 입증하는 확고한 근거로 여깁니다. 하지만 수리논리학자는 이 논증을 사용할 수 없습니다. 생각과 매우 가까운 일을 할 수 있는 기계가 이론상 가능하다는 사실이 밝혀졌기 때문입니다. 이를테면 『수학 원리』의 체계에 들어 있는 형식 증명의 타당성을 검증하거나 (심지어) 그 체계의 식이 증명 가능하거나 반증 가능한지 알 수 있습니다. 식을 증명할 수도 없고 반증할 수도 없으면 그런 기계는 썩 만족스럽게 행동하지는 않는 것이 분명합니다. 하등의 결과를 내놓지 못한 채 무한히 동작할 것이기 때문입니다. 하지만 이것은 페르마의 마지막 정리가 참인지 아닌지 알아내려고 몇 백 년간 연구한 수학자들의 행동과 그다지 다르다고 볼 수 없습니다. 이런 기계의 경우는 더 미묘한 논증이 필요합니다. 괴델의 유명한 정리나 비슷한 논변에 따르면 기계를 어떻게 구성하더라도 '기계는 답을 내놓지 못하지만 수학자는 내놓을 수 있는 경우'가 있을 수밖에 없음을 입증할 수 있습니다. 이에 반해 기계는 수학자에 비해 몇 가지 장점이 있습니다. 기계 '고장'을 논외로

한다면 기계는 무엇을 하든 신뢰할 수 있는 반면에 수학자
는 실수를 적잖이 저지릅니다. 수학자가 실수를 저지를 위
험은 이따금 완전한 새로운 방법을 생각해내는 능력의 불가
피한 결과일 것입니다. 가장 미더운 사람이 진정으로 새로
운 방법을 생각해내는 일은 거의 없다는 널리 알려진 사실
이 이를 뒷받침합니다.

　제 주장은 인간 정신의 행동을 매우 비슷하게 흉내 내
는 기계를 만들 수 있다는 것입니다. 이런 기계는 이따금 실
수를 저지를 것이며 이따금 새롭고 매우 흥미로운 진술을
할지도 모릅니다. 전반적으로 이런 기계가 내놓는 결과는
인간 정신이 내놓는 결과 못지않게 눈여겨볼 가치가 있을
것입니다. 그 가치는 참인 진술의 빈도가 더 클 것으로 기대
된다는 사실에 있으며 진술이 정확한지 여부와는 무관할 것
입니다. 이를테면 기계가 어떤 참인 진술이든 조만간 할 것
이라고 말하는 것으로는 부족할 것입니다. 그런 기계의 예
는 가능한 모든 진술을 조만간 하는 기계일 것이니 말입니
다. 우리는 이런 기계를 만드는 법을 압니다. 이런 기계는 참
인 진술과 거짓인 진술을 (아마도) 거의 똑같은 빈도로 내놓
을 테지만, 그런 판단은 아무짝에도 쓸모가 없을 것입니다.
제 주장을 입증하는 것은—입증하는 것이 가능하다면—기
계가 조건에 실제로 어떻게 반응하는가일 것입니다.

　이 '증명'의 성격을 더 꼼꼼히 들여다봅시다. (충분히
정교하게 만든다면) 다양한 시험에 대해 스스로를 매우 훌
륭히 설명할 수 있는 기계를 제작하는 것은 분명히 가능합

니다. 하지만 이 또한 타당한 증명으로 보기는 힘들 것입니다. 그런 기계는 같은 실수를 거듭거듭 저지름으로써, 또한 스스로를 교정하거나 외부의 주장에 의해 교정되지 못함으로써 실패할 것입니다. 기계가 어떤 식으로든 '경험에서 배울' 수 있다면 훨씬 인상적일 것입니다. 이것이 사실이라면 비교적 단순한 기계에서 출발하되 적절한 범위의 '경험'을 부과함으로써, 더 정교하고 훨씬 넓은 범위의 우연성에 대처할 수 있는 기계로 탈바꿈시키지 못할 실질적인 이유는 전혀 없는 듯합니다. 기계에 부과하는 경험을 적절히 선택하면 이 과정을 앞당길 수도 있을 것입니다. 이것을 '교육'이라 부를 수 있을지도 모릅니다. 하지만 여기서 우리는 신중을 기해야 합니다. 기계의 구조가 사전에 의도된 형태로 저절로 발전하도록 경험을 구성하는 것은 식은 죽 먹기일 것이며, 이것은 기계 안에 사람이 들어 있는 것과 맞먹는 조잡한 형태의 사기임에 분명할 것입니다. 다시 말하지만 '교육'이라는 측면에서 합리적이라고 볼 만한 기준을 수학적으로 표현할 수는 없지만, 다음과 같이 설명하면 현실적으로 적당할 것입니다. 기계가 영어를 알아듣고 (손발이 없고 식욕이나 흡연 욕구도 없으므로) 하루 종일 체스와 바둑, 아니면 브리지 같은 게임을 하도록 한다고 가정해 봅시다. 기계에는 타자기가 달려 있어서 우리는 기계에게 하고 싶은 말을 전부 입력할 수 있으며 기계도 자신이 하고 싶은 말을 전부 타이핑하여 출력할 수 있습니다. 저는 기계의 교육을 매우 유능한 교사에게 맡길 것을 제안합니다. 그는 우리 과제에 흥미를 느끼되 기계의 내부 작동에 대한 자세한 정보를 얻는 것은 금지됩니다. 하지만 기계를 만든 기술자는 기계가 계속 작동하도록 관리하는 것이 허용되며, 기계가 제대로 작동하지 않는다고 생각되면 이전 단계로 돌아가 교사에게 그 단계에서 교육을 다시 해달라고 요청할 수도 있고 교육에 전혀 개입하지 않을 수도 있습니다. 이 절차는 기술자의 성실성을 검증하는 역할에 그칠 것이므로, 실험 단계에서 채택되지 않으리라는 것은 말할 필요도 없습니다. 이 교육 과정은 적절히 짧은 시간 안에 적절히 지적인 기계를 만드는 데 현실적으로 필수적이리라 생각합니다. 사람에 비유하기만 해도 알 수 있을 것입니다.

이제 그런 기계가 어떤 식으로 동작할 것인지를 몇 가지 설명하겠습니다. 기계는 기억을 내장할 것입니다. 이것은 별로 설명할 필요가 없습니다. 기억은 기계에 주입되거나 기계가 내놓은 모든 진술, 기계가 내놓은 모든 수, 기계가 게임에서 플레이한 모든 카드의 목록에 불과할 것입니다. 정렬은 시간순으로 합니다. 이 단순한 기억 말고도 여러 '경험 색인'이 들어 있을 것입니다. 이 개념을 설명하기 위해 이런 색인이 어떤 형태를 취할 수 있는지 보여드리겠습니다. 단어를 기록 '시각(時刻)'에 따라 알파벳 순서로 배열하면 해당 단어를 기억에서 찾을 수 있습니다. 또 다른 색인은 바둑판에서 전개된 돌의 패턴을 담을 수 있습니다. 교육의 비교적 후반기에는 각 시점에서 기계의 구성이 어땠는지와 관련하여 중요한 부분을 포함하도록 확장할 수 있습니다. 말하자면 기계 자신의 생각이 어땠는지 기억하기 시작하는 것입니다. 이것은 생산적인 새로운 형태의 색인화로 이어질 것입니다. 새로운 형태의 색인은 이미 쓰인 색인에서 관찰되는 특징에 따라 도입될 수도 있습니다. 그 색인들은 이런 식으로 쓰일 것입니다. 다음에 무엇을 할지 선택할 때마다 현재 상황의 특징을 색인에서 찾는데, 비슷한 상황에서 예전에 어떤 선택을 했고 그 결과가 좋았는지 나빴는지 발견합니다. 이에 따라 새로 선택을 합니다. 여기서 여러 문제가 제기됩니다. 어떤 표지는 바람직하고 어떤 표지는 바람직하지 않으면 어떻게 해야 할까요? 정답은 기계마다 다를 것이며 교육 수준에 따라서도 달라질 것입니다. 처음에는 대략적인 규칙―이를테면 가장 많은 찬성표를 얻은 것을 선택합니다―으로도 충분할 것입니다. 교육의 맨 후반기에는 이런 경우의 절차에 대한 모든 문제가 기계 자체에 의해 색인을 통해 조사되었으며 이것은 매우 정교하고 (바라건대) 매우 만족스러운 형태의 규칙으로 이어질지도 모릅니다. 하지만 비교적 대략적인 형태의 규칙은 그 자체로 적당히 만족스러울 것이기에 규칙을 대강 선택하더라도 전체적으로 발전할 수 있을 것입니다. 이것은 문제의 가장 피상적인 측면, 이를테면 함수가 변수를 증가시키느냐 감소시키느냐만 다루는 가장 조잡한 주먹구구식 규칙으로도 이따금 공학 문제가 풀린다는 사실로 입증됩니다. 행동이 결정되는 방식에 대한 이 관점에서 또 다른 문제는 '바람직한 결과' 관념입니다. 심리학의 '쾌락 원칙'에 해당하는 이런 관념이 없으면 어떻게 나아가야 할지 알아내기가 여간 힘들지 않습니다. 이런 것을 기계에 넣어주는 것은 더할 나위 없이 자연스러울 것입니다. 저는 교사가 조작할 수 있으며 쾌락과 고통의 관념을 표상하는 두 가지 열쇠를 활용하자고 제안합니다. 교육 후반기가 되면 기계는 어떤 조건들을 과거에 꾸준히 쾌락과 연결되었다는 이유로 바람직하게 여기고 다른 조건들을 바람직하지 않게 여길 것입니다. 이를테면 교사가 표출하는 분노가 결코 무시할 수 없을 만큼 무시무시하게 인식되면 더는 회초리를 들 필요가 없을 것입니다.

이 취지와 관련하여 더 제안을 내놓는 것은 지금 단계에서는 무익할 것입니다. 그것은 인간 아동에게 적용하는 실제 교육 방법을 분석한 것에 지나지 않을 것이기 때문입니다. 하지만 기계에 접목해야 한다고 주장하고 싶은 요소가 하나 있는데, 그것은 '임의적 요소'입니다. 각 기계는 임의의 숫자열(이를테면 0과 1이 같은 개수로 나열된 것)이 쓰인 테이프를 공급받고 이 숫자열은 기계의 선택에 쓰여야 합니다. 이렇게 하면 기계의 행동이 전적으로 경험에 따라 결정되지 않을 것이며, 교육 방법을 실험할 때 쓰임새가 있을 것입니다. 선택을 인위적으로 조작하면 기계의 발달을 어느 정도 조절할 수 있습니다. 이를테면 열 군데에서 특정한 것이 선택되도록 할 수 있는데, 이렇게 하면 1,024개 중 한 개 또는 그 이상의 기계는 조작된 기계만큼 발달할 것입니다. '발달 정도'라는 개념이 주관적이어서 이것을 정확히 명시할 수는 없습니다. 게다가 조작된 기계는 조작되지 않은 임의의 선택에서 운이 좋을 수도 있습니다.

　　논의의 편의를 위해 이 기계들이 정말 가능하다고 가정하고서 이런 기계를 만들었을 때 어떤 결과가 생기는지 살펴봅시다. 물론 이것은 거센 반발을 맞닥뜨릴 것입니다. 갈릴레오 시대 이후로 종교적 관용이 부쩍 커지지 않았다면 말입니다. 일자리를 잃을까 봐 우려하는 지식인들도 거세게 반발할 것입니다. 하지만 이 지식인들이 이 문제를 오해하고 있을 가능성이 있습니다. 기계가 정한 기준에 맞게 지능을 유지하려면—이를테면 기계가 하는 말을 알아들으려면—할 일이 많을 것입니다. 기계가 생각하기 시작하면 머지않아 우리의 하찮은 능력을 뛰어넘을 수 있기 때문입니다. 기계가 죽는다는 것은 의심할 여지가 없습니다. 또한 기계는 서로 대화하면서 지혜를 닦을 수 있을 것입니다. 따라서 어느 단계가 되면 우리는 새뮤얼 버틀러의 『에레혼』에서 묘사하듯 기계가 주도권을 쥐는 상황을 예상해야 합니다.

4

디지털 컴퓨터가 생각할 수 있을까?
Can Digital Computers Think?

1951년 5월 15일 BBC 라디오 강연.

디지털 컴퓨터는 종종 '기계 두뇌'로 불립니다. 대다수 과학자는 대부분 이 명칭이 언론의 이목을 끌기 위한 수작에 불과하다고 생각할지 모르겠지만, 그렇게 생각하지 않는 과학자도 있습니다. 한 수학자는 이 반대 견해를 꽤 힘주어 표현했습니다. "이 기계들이 뇌가 아니라고들 말하지만, 뇌가 맞다는 사실을 선생도 알고 저도 압니다." 오늘 강연에서는 여러 논점의 배경을 설명할 텐데요, 한쪽으로 전혀 치우치지 않는다고는 자신하지 못하겠습니다. 제가 가장 중점을 둘 것은 저 자신의 견해입니다. 그것은 디지털 컴퓨터를 두뇌라고 부르는 것이 전적으로 비합리적이지는 않다는 것입니다. 또 다른 견해는 하트리 교수가 이미 소개한 적 있습니다.

우선 일반인의 소박한 견해를 살펴보겠습니다. 그는 디지털 컴퓨터가 이런저런 기상천외한 일들을 할 수 있다는 소리를 듣는데, 대부분은 그가 넘볼 수 없는 지적 성취처럼 보입니다. 이 현상을 설명하는 유일한 방법은 기계를 일종의 두뇌로 가정하는 것이지만, 그는 그저 귀를 막아버리는 쪽을 택할지도 모릅니다.

대다수 과학자는 미신에 가까운 이 태도를 경멸합니다. 그들은 기계가 어떤 원리에 따라 구성되었는지, 어떤 방식으로 이용되는지 압니다. 그들의 견해는 100년도 더 전에 러브레이스 부인이 배비지의 해석 기관을 언급하면서 잘 정리했습니다. 하트리 교수가 이미 언급했듯 러브레이스 부인은 이렇게 말했습니다. "해석 기관은 결코 독창적인 일을 하는 척하지 않는다. 기계는 우리가 어떻게 명령해야 할지 아는 모든 일을 할 수 있다." 이 말은 디지털 컴퓨터가 현재 실제로 어떻게 쓰이고 있으며 향후에 주로 어떻게 쓰일 것인지 잘 보여줍니다. 어떤 계산에 대해서든, 기계가 수행할 전체 작업은 수학자에 의해 미리 계획됩니다. 어떤 일이 일어날지에 대해 의문이 적을수록 수학자는 만족합니다. 이것은 군사 작전을 짜는 것과 비슷합니다. 이런 조건이라면 기계가 독창적인 일을 전혀 하지 않는다고 말해도 무방합니다.

하지만 제3의 견해가 있는데, 이것이 저의 입장입니다. 저는 러브레이스 부인의 말에 어느 정도 동의하지만, 관건은 디지털 컴퓨터가 어떻게 쓰일 수 있느냐보다는 실제로 어떻게 쓰이고 있느냐라고 생각합니다. 사실 저는 마땅히 두뇌로 부를 만한 방식으로 디지털 컴퓨터를 이용할 수 있다고 믿습니다. 또한 이렇게 말할 수밖에 없습니다. "두뇌라고 부를 수 있는 기계가 하나라도 있다면 디지털 컴퓨터도 두뇌라고 부를 수 있다."

이 말은 좀 더 설명이 필요합니다. 다소 놀랍게 들릴지도 모르겠지만, 몇 가지 단서만 달면 이것은 불가피한 진실로 보입니다. 이것은 디지털 컴퓨터의 한 가지 특징에서 비롯하는데, 저는 이 특징을 '만능성(universality)'이라고 부를 것입니다. 디지털 컴퓨터가 '만능'이라는 말은 매우 다양한 부류의 기계를 무엇이든 대체할 수 있다는 뜻입니다. 불도저나 증기 기관이나 망원경을 대체하지는 않겠지만, 디지털 컴퓨터와 비슷하게 설계된 계산 기계, 즉 데이터를 입력받아 결과를 출력하는 기계는 모두 대체할 수 있습니다. 우리의 컴퓨터가 주어진 기계를 모방하도록 하기 위해서는 해당 기계가 주어진 조건에서 하는 일, 특히 출력하는 답을 계산하도록 프로그래밍 하기만 하면 됩니다. 그러면 컴퓨터가 같은 답을 출력하도록 할 수 있습니다.

　　어떤 기계를 두뇌라고 부를 수 있을 경우, 디지털 컴퓨터가 그 기계를 모방하도록 프로그래밍 할 수만 있다면 디지털 컴퓨터 또한 두뇌라고 불릴 것입니다. 동물과 (특히) 인간의 진짜 뇌가 일종의 기계임을 받아들인다면 우리의 디지털 컴퓨터가 적절한 프로그래밍하에서 두뇌처럼 행동하리라는 결론을 내릴 수 있습니다.

　　이 주장에 담긴 몇 가지 가정에는 합리적으로 문제를 제기할 수 있습니다. 모방되는 기계가 불도저보다는 계산기에 가까워야 한다는 것은 이미 설명드렸습니다. 이것은 우리가 발이나 턱보다는 뇌와 기계적으로 비슷한 것에 대해 말하고 있다는 사실을 보여줄 뿐입니다. 이 기계의 행동을 이론상 계산으로 예측할 수 있어야 한다는 조건도 필수적입니다. 어떤 계산을 해야 하는지 우리가 모른다는 것은 분명합니다. 심지어 아서 에딩턴 경은 양자역학의 불확정성 원리에 따라 그런 예측이 이론적으로도 결코 불가능하다고 주장하기까지 했습니다.

　　또 다른 가정은 이용되는 컴퓨터의 저장 용량이 모방되는 기계의 행동을 예측하기에 충분해야 한다는 것입니다. 속도도 충분해야 합니다. 현재의 컴퓨터는 속도는 충분할지 몰라도 예측에 필요한 저장 용량은 갖추지 못한 듯합니다.

이 말은 인간의 뇌처럼 복잡한 것을 모방하고 싶다면 현재 구할 수 있는 어떤 컴퓨터보다도 훨씬 큰 기계가 필요하다는 뜻입니다. 맨체스터 컴퓨터보다 적어도 100배 큰 컴퓨터가 필요할지도 모릅니다. 물론 정보 저장 기술이 부쩍 발전하면 같거나 작은 크기의 기계로도 뇌를 모방할 수 있을 것입니다.

주목해야 할 것은 이용되는 컴퓨터의 복잡성이 커질 필요는 전혀 없다는 사실입니다. 모방하려는 기계나 뇌가 복잡할수록 우리는 더 큰 컴퓨터를 이용해야 합니다. 하지만 더 복잡한 컴퓨터를 써야 할 필요는 없습니다. 역설적으로 들릴지 모르겠지만, 설명하기는 힘들지 않습니다. 컴퓨터로 기계를 모방하려면 컴퓨터를 만들어야 할 뿐 아니라 그 컴퓨터를 적절히 프로그래밍 해야 합니다. 모방하려는 기계가 복잡할수록 프로그램도 복잡해야 합니다.

이해를 돕기 위해 비유를 들어보겠습니다. 두 사람이 자서전을 쓰고 싶어 하는데 한 사람은 파란만장한 삶을 살았지만 다른 사람은 평범한 삶을 살았다고 가정해 봅시다. 파란만장한 삶을 산 사람에게는 두 가지 고충이 있을 것입니다. 그는 종이 값을 더 많이 써야 할 테고 무슨 말을 해야 할지 더 많이 골머리를 썩여야 할 것입니다. 무인도에 있지 않는 한 종이 공급은 심각한 고충은 아닙니다. 기껏해야 기술적이거나 금전적인 문제에 불과할 것입니다. 반면에 또 다른 고충은 더 근본적이며, 자신의 삶이 아니라 전혀 모르는 것—이를테면 화성에서의 가족생활—에 대해 써야 한다면 더 심각할 것입니다. 컴퓨터가 뇌처럼 행동하도록 프로그래밍 하는 문제는 무인도에서 화성 이야기를 쓰려고 하는 것과 같습니다. 우리는 필요한 저장 용량, 말하자면 충분한 종이를 얻을 수 없으며, 종이가 있더라도 무엇을 적어야 할지 막막합니다. 난감한 상황이긴 하지만, 비유를 밀고 나가자면 어떻게 써야 할지 아는 것, 그리고 대부분의 지식이 책에 구현될 수 있다는 사실을 이해하는 것은 중요한 일입니다.

이를 염두에 두면 디지털 컴퓨터가 '기계 두뇌'나 '전자 두뇌'라는 주장을 비판하는 가장 현명한 근거는 뇌처럼 행동하도록 프로그래밍 할 수는 있어도 어떻게 해야 하는지 현재로서는 알 수 없다는 것입니다. 이 견해에 대해서는 전적으로 동의합니다. 그런 프로그램을 결국 찾아낼 수 있을지 없을지는 미지수입니다. 개인적으로 저는 그런 프로그램을 찾을 수 있으리라 믿는 쪽입니다. 이를테면 20세기 말이 되면 어떤 질문에 대해 사람이 대답하는지 기계가 대답하는지 알아맞히기가 매우 힘들도록 기계를 프로그래밍 하는 것이 가능해지리라 생각합니다. 저는 구술 시험 비슷한 것을 상상하고 있는데, 음성을 얼마나 그럴듯하게 흉내 낼 수 있는가와 같은 지엽적 문제를 배제할 수 있도록 질문과 답변은 모두 타자기로 주고받습니다. 이것은 제 의견을 제시한 것에 불과하며 다른 의견의 여지도 얼마든지 있습니다.

난점은 또 있습니다. 뇌처럼 행동하려면 자유 의지가 있어야 하지만, 디지털 컴퓨터를 프로그래밍 했을 때의 행동은 완전히 결정론적입니다. 이 두 사실이 어떻게든 양립

하도록 해야 할 텐데, 그러자면 '자유 의지와 결정론'의 오래
된 논란에 빠지게 됩니다. 여기서 벗어나는 방법은 두 가지
입니다. 첫 번째는 우리는 모두 자신이 자유롭다고 느끼지
만 이 감각은 환각일지도 모른다는 것입니다. 두 번째는 우
리에게 정말로 자유 의지가 있을지도 모르지만 행동만 봐서
는 그 사실을 알 방법이 없을지도 모른다는 것입니다. 두 번
째 경우는 기계가 사람의 행동을 아무리 감쪽같이 흉내 내
더라도 그것은 단순한 사기로 간주될 것입니다. 두 가지 방
법을 어떻게 판단할 수 있을지는 모르겠지만, 어느 쪽이 옳
든 뇌를 흉내 내는 기계가 자유 의지를 가진 것처럼 행동하
듯 보여야 한다는 것은 분명합니다. 그러면 이 목표를 어떻
게 달성할 것인가, 라는 의문이 들 것입니다. 한 가지 가능성
은 기계의 행동이 룰렛 원반이나 라듐 방사선량 같은 것에
따라 달라지도록 하는 것입니다. 이런 행동을 예측할 수 있
을지는 모르지만, 그렇더라도 어떻게 예측해야 하는지는 알
수 없습니다.

　심지어 그럴 필요도 없습니다. 기계의 세부 구조를 모
르는 사람에게 그 기계가 무작위로 행동하는 것처럼 보이도
록 설계하는 것은 어려운 일이 아닙니다. 어떤 기법을 쓰든,
임의적 요소를 포함하는 것만으로는 뇌를 모방하는 — 덜 엄
밀하지만 더 간결하게 말하자면, **생각하는** — 기계를 어떻게
프로그래밍 할 것인가, 라는 우리의 핵심 문제를 해결하기
에 미흡합니다. 하지만 그 과정이 어떨 것인가에 대해 감을
잡을 수는 있습니다. 컴퓨터가 무엇을 하려는지 알 수 있으

리라고 늘 기대해서는 안 됩니다. 우리는 기계가 우리를 놀라게 했을 때 뿌듯할 것입니다. 이것은 어떤 학생이 명시적으로 교육받지 않은 일을 했을 때 우리가 뿌듯해하는 것과 같습니다.

　　러브레이스 부인의 말을 다시 살펴봅시다. "기계는 우리가 어떻게 명령해야 할지 아는 모든 일을 할 수 있다." 이 구절에서 나머지 부분의 의미를 새기면 기계는 우리가 어떻게 명령해야 할지 아는 일만 할 수 있다고 말해야 할 것처럼 느껴집니다. 하지만 저는 그렇지 않다고 생각합니다. 우리가 실제로 명령하는 것만 기계가 할 수 있는 것은 분명합니다. 그러지 않는 것은 모두 기계적 결함일 것입니다. 하지만 우리가 명령을 내릴 때 그것이 어떤 의미인지, 그 명령의 결과가 어떨 것인지 우리가 안다고 가정할 필요는 전혀 없습니다. 우리는 이 명령이 어떻게 기계의 행동으로 이어질지 이해할 수 있어야 할 필요가 없습니다. 땅에 씨앗을 심을 때 발아의 원리를 이해할 필요가 없는 것과 마찬가지입니다. 우리가 이해하든 못 하든 싹은 올라옵니다. 기계에게 어떤 프로그램을 주었을 때 우리가 예상하지 않는 흥미로운 행동을 한다면 저는 기계가 독창적인 일을 했다고 말하고 싶을 것입니다. 기계의 행동이 프로그램에 내재되어 있어서 독창성은 전적으로 우리 안에 있다고 말하지는 않을 것입니다.

　　'기계가 생각하도록 프로그래밍'하는 절차를 어떻게 실행할 것인가에 대해서는 구구절절 말씀드리지 않겠습니다. 우리가 아는 게 거의 없고 연구도 거의 이루어지지 않은

것이 사실이니까요. 아이디어는 넘쳐나지만, 어떤 것이 중
요한지는 아직 모릅니다. 탐정 소설에서는 수사 초기에 사
소하게 보이는 것이 실은 중요한 경우가 많습니다. 사건이
해결된 뒤에는 중요한 것만 말하면 됩니다. 하지만 지금은
내놓을 만한 것이 하나도 없습니다. 이 과정이 가르치는 과
정과 밀접한 관계가 있으리라 생각한다는 말씀만 드리겠습
니다.

저는 기계를 생각하도록 만들 수 있다는 이론의 주요
한 합리적 찬반 양론에 대한 설명을 시도했지만, 비합리적
주장에 대해서도 언급해야 할 것이 있습니다. 생각하는 기
계라는 발상에 극단적으로 반대하는 사람이 많지만, 이것은
앞에서 제시한―또는 그 밖의―합리적 이유 때문이 아니
라 그냥 맘에 들지 않아서인 것 같습니다. 이 발상에는 불편
한 구석이 많으니까요. 기계가 생각할 수 있다면 우리보다
더 똑똑하게 생각할 수도 있을 겁니다. 그러면 우리의 지위
는 어떻게 될까요? 중요한 순간에 전원을 끈다든지 하는 식
으로 기계를 열등한 지위에 둘 수야 있겠지만, 인류 전체로
는 스스로를 초라하게 여길 것입니다. 돼지나 쥐가 우리를
뛰어넘을 가능성에서도 비슷한 위험과 굴욕이 우리를 위협
합니다. 이 이론적 가능성에는 논란의 여지가 별로 없지만,
돼지와 쥐가 오랫동안 우리 곁에서 살면서도 지능이 그다지
증가하지 않았기에 우리는 더는 이 가능성을 우려하지 않습
니다. 설령 그런 일이 일어나더라도 수백만 년 안에는 일어
나지 않을 것이라고 생각합니다. 하지만 생각하는 기계라는

이 새로운 위험은 훨씬 가까이 와 있습니다. 만일 이 가능성이 실현된다면 그 시점은 다음 천 년[1] 이내가 될 것이 거의 확실합니다. 아직 멀었지만 천문학적으로 멀지는 않습니다. 근심거리인 것은 분명합니다.

　　이 주제에 대한 대담이나 기사를 보면 인간의 특징 중에 어떤 것은 결코 기계로 모방할 수 없으리라며 일말의 위안을 제시하는 경우가 많습니다. 이를테면 어떤 기계도 훌륭한 글을 쓸 수 없다거나 성적 매력에 끌리거나 담배를 피울 수 없다고 말할 수 있을 겁니다. 하지만 저는 어떤 위안도 드릴 수 없습니다. 그런 한계를 둘 수 없다고 믿기 때문입니다. 하지만 인체를 닮은, 분명히 인간적이지만 지적이지는 않은 기계를 만드는 일에는 크나큰 노력이 투입되지는 않으리라 분명히 희망하고 믿습니다. 제가 보기에 그런 시도는 헛수고로 그칠 것이고 그 결과는 조화(造花)처럼 불쾌할 것입니다. 생각하는 기계를 만들려는 시도는 다른 범주에 속합니다. 생각의 전체 과정은 여전히 우리에게 매우 신비롭지만, 생각하는 기계를 만들려는 시도는 우리 자신이 어떻게 생각하는지 이해하는 데 큰 도움이 될 것이라 믿습니다.

[1]　2000~2999년. ―옮긴이

5

체스
Chess

1953년 『생각보다 빠르게Faster Than Thought』(비비언 보든 엮음)에
실린 에세이.

"기계가 체스를 두게 할 수 있을까?"라는 질문에는 여러 의미가 있다. 그중 몇 가지를 살펴보자.

   i) 체스 규칙을 따르는 기계, 즉 무작위의 적법한 행마를 할 수 있거나 주어진 행마가 적법한지 판단할 수 있는 기계를 만들 수 있을까?

  ii) 체스 문제를 푸는 기계, 이를테면 주어진 포진에서 백이 세 수 만에 외통수에 걸리는지 알려주는 기계를 만들 수 있을까?

 iii) 체스를 적당히 잘 두는 기계, 즉 (특이하지 않은) 일반적 포진에서 2~3분간 계산한 뒤에 꽤 양호한 적법한 행마를 알아내는 기계를 만들 수 있을까?

 iv) 체스를 둘 수 있으며 게임을 할수록 경험의 도움을 받아 실력이 향상되는 기계를 만들 수 있을까?

여기에다 체스와 무관하지만 독자의 혀끝에서 맴돌고 있을 질문 두 개를 더할 수 있겠다.

  v) 어떤 질문에 대해 사람의 답변과 구별할 수 없는 답변을 내놓는 기계를 만들 수 있을까?

 vi) 당신과 나와 같은 감정을 가진 기계를 만들 수 있을까?

여기서 살펴볼 질문은 iii)이지만, 다른 질문들의 맥락에서 들여다볼 수 있도록 각 질문에 대해서도 짧게 답하겠다.

i)과 ii)에 대해서는 이렇게 말해야겠다. "그건 당연히 가능하다. 아직 그렇게 하지 않은 것은 그것 말고도 할 일이 많기 때문이다."

질문 iii)은 자세히 살펴보겠지만, 간단히 답변하자면 이렇다. "그렇다. 하지만 요구되는 대국 수준이 높을수록 기계가 복잡해지고 설계자는 더 창의적이 될 것이다."

iv)와 v)에는 이렇게 답하겠다. "그렇게 믿는다. 이 믿음을 뒷받침하는 정말로 설득력 있는 논증은 하나도 들어보지 못했으며 반증하는 논증도 전혀 없는 것이 분명하다."

vi)에 대해서는 이렇게 말해야겠다. "당신이 나와 같은 감정을 느낀다는 것을 확신할 수 없듯 그것은 결코 알 수 없을 것이다."

마지막 질문을 (아마도) 제외한 각 질문에서 '…하는 기계를 만들 수 있을까'는 '…하는 전자 컴퓨터를 프로그래밍 할 수 있을까'로 바꿔도 무방하다. 그렇게 프로그래밍 된 전자 컴퓨터는 분명히 그 자체로 기계일 것이다. 다른 한편으로 그 일을 하는 다른 기계가 제작된 바 있다면 우리는 적절히 프로그래밍 된 (저장 용량이 충분한) 전자 컴퓨터를 이용하여 이 기계가 무엇을 할지, 특히 어떤 답변을 내놓을지 계산할 수 있다.

이런 전제하에서 체스를 웬만큼 두는 기계를 만들거나 그런 컴퓨터를 프로그래밍 하는 문제에 눈길을 돌려보자. 물론 이 짧은 논의에서 실제 프로그램을 제시하는 것은 불가능하지만, 다음 원칙에 따르면 이것은 문제가 되지 않는다.

> 계산이 어떻게 실행되는지를 전혀 모호하지 않게 영어
> 로 설명할 수 있다면─필요하다면 수학 기호의 도움
> 을 받아─저장 용량이 적절할 경우 어떤 디지털 컴퓨
> 터든 그 계산을 하도록 프로그래밍 하는 것이 언제나
> 가능하다.

이것을 명쾌한 증명이라고 볼 수는 없겠지만, 이 분야에서
는 대낮처럼 명백한 것으로 통한다. 이 원리를 받아들이면
우리의 문제는 기계가 각 포진에서 행마를 선택하는 규칙을
'모호하지 않게 영어로' 설명하는 것으로 단순하게 바뀐다.
조건을 한정하기 위해 기계가 백을 잡는다고 가정한다.
　기계의 계산 속도와 저장 용량이 무한하다면 비교적 간
단한 규칙으로 충분할 것이며 그 기계가 내놓는 결과는 어
떤 의미에서 개선될 수 없을 것이다. 이 규칙은 아래와 같이
나타낼 수 있다.

> 주어진 포진에서 전개될 수 있는 모든 수를 검토한다.
> 수의 횟수는 유한하다(적어도 50수 규칙에서 무승부
> 가 단순히 허용되는 것이 아니라 의무적인 경우). 이 수
> 들의 끝에서부터 거슬러 올라가면서, 이전에 '승'으로
> 표시된 포진을 만드는 행마가 백 차례의 포진에 있을
> 경우 그 포진을 '승'으로 표시한다. 그런 행마가 없지만

'무승부'로 표시된 포진을 만드는 행마가 백 차례의 포
진에 있을 경우 그 포진을 '무승부'로 표시한다. 그런
행마도 없으면 '패'로 표시한다. 비슷한 규칙에 따라 흑
차례의 포진을 표시하되 '승'과 '패'를 뒤바꾼다. 이 절
차가 끝난 뒤에 기물을 '승'으로 표시된 포진에 놓는 행
마가 발견될 경우 반드시 이 중 하나를 선택한다. '승'
으로 표시된 포진이 하나도 없을 경우, '무승부'로 표시
된 행마가 있다면 그것을 선택한다. 모든 행마에서 기
물이 '패'로 표시된 포진에 놓일 경우 어떤 행마를 선택
해도 무방하다.

이런 규칙은 틱택토에는 실제로 적용할 수 있지만, 체스에
서는 학문적 관심사에 불과하다.

규칙을 적용할 수 있더라도 약한 상대에게 쓰기는 별로
알맞지 않다. 규칙만으로는 상대의 실수를 포착하여 활용할
수 없기 때문이다.

이 규칙은 현실성은 없지만 체스를 둘 때 실제 일어나
는 일과 비슷한 면이 있다. 우리는 체스를 둘 때 모든 수를
추적하지 않고 그중 일부만 추적한다. 끝까지 추적하지도
않고 한두 수, 어쩌면 그 이상까지만 추적한다. 결국 (옳든
그르든) 너무 나빠서 더 고민할 가치가 없거나 (확률은 낮지
만) 너무 좋아서 더 고민할 필요가 없는 포진을 얻는다. 그
포진이 원래 포진에서 멀어질수록 실현될 가능성이 적으며,
따라서 검토에 할애되는 시간도 짧다. 이 발상에 따라 다음

과 같은 규칙을 만들 수 있다.

　　백의 행마와 흑의 대응, 또 다른 행마와 대응으로 이루
　　어진 모든 수를 검토한다. 행마의 각 연쇄가 끝났을 때
　　포진의 값을 알맞은 규칙에 따라 평가한다. 그런 다음
　　앞에서 제시한 이론적 규칙에서처럼 한 행마씩 거슬러
　　올라가면서 이전 포진들의 값을 계산한다. 값이 가장
　　큰 포진을 만드는 행마를 선택한다.

같은 값을 가지는 포진이 하나도 없도록 배치하는 것이 가
능한데, 그러면 규칙이 모호하지 않다. 매우 단순하지만 이
렇게 할 수 없는 값의 형태로 '기물 평가'가 있는데, 이를테
면 아래와 같은 기준을 둘 수 있다.

$$\text{폰}(P) \ = \ 1$$
$$\text{나이트}(Kt) \ = \ 3$$
$$\text{비숍}(B) \ = \ 3\tfrac{1}{2}$$
$$\text{룩}(R) \ = \ 5$$
$$\text{퀸}(Q) \ = \ 10$$
$$\text{체크메이트} \ = \ 1{,}000$$

B가 흑의 총점이고 W가 백의 총점이면 W/B로 값을 꽤 잘
나타낼 수 있다. 이것이 $W - B$보다 나은 이유는 후자의 경우
유리한 상황에서 기물 교환의 동기가 없기 때문이다. 결과

가 확실히 나오도록 몇 가지 임의적 포진 함수를 덧붙일 수
도 있다.

　　이 규칙의 단점은 모든 조합을 똑같이 멀리까지 살펴본
다는 것이다. 그보다는 더 유리한 행마를 더 자세히 살펴보
는 것이 훨씬 나을 것이다. '기물 값' 이외의 것을 고려하는
것도 바람직할 것이다.

　　이 소개가 끝나면 구체적인 규칙 집합을 서술할 텐데,
그 규칙들은 어렵지 않게 기계 프로그램으로 구현할 수 있
을 것이다. 기계가 백을 잡고 백이 둘 차례로 한다. 현재 포
진을 '체스판 포진'이라고 부르며 이 포진에서 이후의 행마
로 인해 생기는 포진들을 '분석 포진'이라고 부른다.

'고려 가능'한 행마, 즉 기계의 분석에서 고려되는 행마

백의 다음 행마와 흑의 대응에 대한 모든 가능성은 '고려 가
능'하다. 캡처(잡기)가 고려 가능하면 모든 리캡처도 고려
가능하다. 방어되지 않은 기물을 잡거나 낮은 값의 기물이
높은 값의 기물을 잡는 것은 언제나 고려 가능하다. 체크메
이트를 만드는 행마는 고려 가능하다.

막다른 포진

고려 가능한 행마가 하나도 없는, 즉 현재 포진에서 둘 이상
의 행마를 했을 때 다음 행마에서 캡처나 리캡처, 체크메이

트를 하나도 할 수 없는 분석 포진은 막다른 포진이다.

포진 값

막다른 포진의 값은 위에서처럼 기물 값을 더해 얻으며 백의 총점 대 흑의 총점의 비율은 W/B를 이룬다. 백이 둘 차례인 다른 포진에서의 값은 (a) 고려 가능한 행마에서 얻어지는 포진이나 (b) 그 자체로 막다른 포진으로 평가되는 포진 중 큰 값이며, 모든 행마가 고려 가능하면 (b)는 배제한다. 흑의 행마에 대해서도 같은 과정을 거치지만 그때는 기계가 가장 적은 값을 선택한다.

포지션 플레이 값

백 기물은 저마다 일정하게 포지션 플레이에 기여하며 흑 킹도 마찬가지다. 포지션 플레이 값을 얻으려면 이것을 모두 합쳐야 한다.

퀸이나 룩, 비숍, 나이트는 아래와 같이 센다.

 i) 기물이 해당 포진에서 할 수 있는 행마 개수의 제곱근. 캡처는 두 행마로 치되 킹을 체크 상태에 놓아두어서는 안 된다.
 ii) (퀸이 아닐 경우) 방어되면 1.0이며 이중으로 방어되면 0.5를 더한다.

킹은 아래와 같이 센다.

iii) 캐슬링 이외의 행마는 위의 i)과 같다.
iv) 그런 다음 킹의 취약성을 공제해야 한다. 그러려면
    킹이 같은 칸에서 아군 퀸으로 대체된다고 가정한
    다. i)에서와 같이 평가하되 더하는 게 아니라 뺀다.
 v) 나중에 킹이나 룩의 행마로 무효화되지 않을 캐슬
    링의 가능성에 대해 1.0을 부여한다. 다음 행마에
    서 캐슬링을 할 수 있으면 1.0을 더하고, 실제 캐슬
    링이 실행되면 1.0을 또 더한다.

폰은 아래와 같이 센다.

 vi) 승급할 때마다 0.2.
vii) 하나 이상의 (폰이 아닌) 기물로 방어되면 0.3.

흑 킹은 아래와 같이 센다.

viii) 체크메이트 위협에 대해 1.0.
 ix) 체크에 대해 0.5.

이제 경기 규칙을 아래와 같이 정리할 수 있다.
선택되는 행마는 가능한 최대의 값과 (이에 부합하는)

가능한 최대의 포지션 플레이 값을 가져야 한다. 이 조건에 대해 여러 해법이 허용된다면 임의로, 또는 임의의 다른 조건에 따라 선택해도 무방하다.

포지션 플레이 평가에 '분석'이 전혀 결부되지 않는 것에 유의하라. 이것은 행마의 결정에 필요한 계산의 양을 줄이기 위한 것이다.

아래 대국은 이 기계와 (이 시스템을 모르는) 하수 사이에 진행되었다. 계산을 쉽게 하기 위해 제곱근은 (아래 표에서 보듯) 소수점 첫째 자리로 반올림했다. 이 대국에서는 '무작위 선택'이 한 번도 일어나지 않았다. 백이 행마를 하고 나면 적절한 경우에 포지션 플레이 값이 증가되었다. 별표는 나머지 모든 행마의 포지션 플레이 값이 더 낮다는 뜻이다. 0—0은 캐슬링을 나타낸다.

숫자	0	1	2	3	4	5	6	7	8	9	10	11	12	13
제곱근	0	1	1.4	1.7	2.0	2.2	2.4	2.6	2.8	3.0	3.2	3.3	3.5	3.6

백(기계)		흑
1. P—K$_4$	4.2*	P—K$_4$
2. Kt—QB$_3$	3.1*	Kt—KB$_3$
3. P—Q$_4$	3.1*	B—QKt$_5$
4. Kt—KB$_3$[1]	2.0	P—Q$_3$
5. B—Q$_2$	3.6*	Kt—QB$_3$
6. P—Q$_5$	0.2	Kt—Q$_5$

백(기계)		흑
7. P—KR$_4$[2]	1.1*	B—Kt$_5$
8. P—QR$_4$[2]	1.0*	Kt×Kt 체크.
9. P×Kt		B—KR$_4$
10. B—Kt$_5$ 체크.	2.4*	P—QB$_3$
11. P×P		0—0
12. P×P		R—Kt$_1$
13. B—R$_6$	-1.5	Q—R$_4$
14. Q—K$_2$	0.6	Kt—Q$_2$
15. KR—Kt$_1$[3]	1.2*	Kt—B$_4$[4]
16. R—Kt$_5$[5]		B—Kt$_3$
17. B—Kt$_5$	0.4	Kt × KtP
18. 0—0	3.0*	Kt—B$_4$
19. B—B$_6$		KR—QB$_1$
20. B—Q$_5$		B×Kt
21. P×B[2]	-0.7	Q × P
22. B—K$_3$[6]		Q—R$_6$ 체크.
23. K—Q$_2$		Kt—R$_5$
24. B×RP[7]		R—Kt$_7$
25. P—B$_4$		Q—B$_6$ 체크.
26. K—B$_1$		R—R$_7$
27. B×BP 체크.		B×B
28. R×KtP 체크.[5]		K×R
29. B—K$_3$[8]		R—R$_8$ 체크메이트

참고:

1. B—Q$_2$ 3.6*이면 P×P가 예측된다.

2. 포진 관점에서 가장 부적절한 행마.

3. 0—0이면 B×Kt, B×B, Q×P.

4. 분기가 예측되지 않는다.

5. 현실 회피!

6. 이것이나 B—K$_1$만이 Q—R$_8$ 체크메이트를
   막을 수 있다.

7. 로마가 불타는 데 수금을 연주하는 꼴.

8. 체크메이트가 예측되지만 아무 일도 없는 듯.

기계의 수에 대해 수많은 비판을 가할 수 있다. 기계는 '분기'에 대해서는 속수무책이다. 그 밖의 조합을 볼 수 있긴 하지만. 물론 이 단순한 분기를 예측하도록 프로그램을 개량하는 것은 어렵지 않다. 독자 스스로 그런 개량 방법을 생각해낼 수도 있을 것이다. 위의 규칙이 특별히 좋다는 주장은 전혀 하지 않았으므로 나는 이 결함을 그대로 두기로 했다. 없애야 하는 결함과 감수해야 하는 결함 사이에는 뚜렷한 선을 그어야 한다. 또 다른 비판은 제안된 방식이 중반전에서는 합리적일지 몰라도 끝내기에서는 소용없다는 것이다. 중반전과 끝내기는 뚜렷이 구별되므로 끝내기에 전혀 다른 시스템을 적용하는 것은 가능하다. 물론 여기에는 룩과 킹으로 체크메이트를 하거나 킹과 폰으로 킹에게 체크메이트를 하는 등의 일반적 상황에 대한 명확한 프로그램이 포함

되어야 한다. 여기서 끝내기를 더 논의할 생각은 없다.

위 시스템의 약점을 몇 마디로 요약하자면 나 자신의 대국을 본뜬 것이라고 말할 수 있을 것이다. 실제로 그 바탕은 내가 대국할 때의 사고 과정을 내성적으로 분석한 것이다. 매우 단순화하기는 했지만. 이 시스템은 나 자신이 저지르는 것과 비슷한 실수를 저지르며, (두 경우에서 다) 꽤 많은 행마가 부적절하게 선택된 것은 이 때문일 것이다. 이 사실은 "자신보다 체스를 더 잘 두도록 기계를 프로그래밍 할 수는 없다"라는 식의 상투적 견해를 뒷받침하는 것으로 보일지도 모르겠다. 하지만 저런 진술은 비슷한 형식의 또 다른 진술과 나란히 놓고 봐야 한다. "어떤 동물도 자기보다 무거운 동물을 잡아먹을 수 없다." 두 진술 다 내가 알기로 거짓이다. 둘 다 그럴듯해 보이는데, 한 가지 이유는 깔끔한 증명 방법이 있을 것처럼 보인다는 것이고 또 한 가지 이유는 이 논변이 무엇인지 모른다는 사실을 사람들이 인정하고 싶어 하지 않는다는 것이다. 두 진술 다 일상 경험에 부합하기에 이를 반박하려면 예외적 사례가 필요하다. 체스 프로그래밍에 대한 진술은 기계의 속도로 쉽게 반박할 수 있을지도 모른다. 기계의 속도가 빨라지면 같은 시간에 행마를 사람보다 더 멀리까지 분석할 수 있을 테니 말이다. 하지만 이 효과는 생각보다 미미하다. 기존 계산 분야에서는 전자 컴퓨터가 매우 빠를지 몰라도 사례 평가 등을 대규모로 해야 하는 경우에는 이점이 부쩍 줄어들기 때문이다. 체스에서 어떤 포진으로부터 가능한 행마의 개수를 세는 문제를 생각해 보자. 이를테면 30개의 행마를 사람은 45초 만에 셀 수 있고 기계는 1초에 셀 수 있다. 기계가 유리한 것은 사실이지만, (이를테면) 코사인을 계산하는 것에 비하면 훨씬 실망스럽다.

체스 기계가 경험을 활용할 수 있을지를 묻는 질문 iv)와 관련하여 기계가 대국 방식의 변화(이를테면 기물 값을 바꾸는 것)를 시도하여 가장 만족스러운 결과를 낳는 방식을 채택하도록 프로그래밍 하는 것은 얼마든지 가능함을 알수 있다. 이것은 분명히 '학습'이라고 부를 수 있겠지만, 우리가 아는 전형적 학습과는 거리가 멀다. 기계가 체스에서 새로운 유형의 조합을 탐색하도록 프로그래밍 하는 것도 가능할 것이다. 이 방법이 전혀 새롭고 프로그래머에게도 흥미로운 결과를 내놓는다면 누구에게 공을 돌려야 할까? 이것을 국방장관이 활과 화살의 대응책을 찾으라는 명령을 내리는 상황과 비교해 보라. 우리는 방패를 발명한 사람에게 공을 돌려야 할까, 국방장관에게 돌려야 할까?

150

옮긴이 후기

앨런 튜링의 인공지능 관련 논문을 번역 출간하자는 제안을 받고 한참을 망설였다. 대표적인 논문 「계산 기계와 지능」은 이미 몇 사람의 번역으로 온라인상에 공개되어 있는 터라 굳이 내 번역을 보탤 필요가 없을 것 같았기 때문이다. 게다가 튜링 기계의 개념을 확립한 「계산 가능한 수」 논문은 한국어로 번역하는 것이 불가능해 보였다. 하지만 조용범 에디터의 고집을 꺾을 수는 없었다.

튜링은 인공지능의 역사에서 빼놓을 수 없는 인물이다. 그는 「계산 가능한 수」(1936)를 발표하여 컴퓨터의 이론적 기반을 놓은 뒤에 컴퓨터가 인간의 뇌를 흉내 내는, 즉 지능을 가지는 문제에 천착했다. 나는 이 책에 실린 논문들을 읽으면서 대학원에서 인지과학을 전공하던 시절을 떠올렸다. 튜링의 논문에는 기계 학습, 신경망, 유전 알고리즘 등 인공지능의 토대가 되는 개념들이 '인공지능'이라는 단어가 등장하기도 전에 심도 깊게 논의되고 있었다(1956년 다트머스 회의에서 '인공지능'이라는 용어가 처음 사용되었다). 튜링은 '기계 지능'이라는 용어를 쓰는데, 이것은 인공지능과 정확히 같은 의미다.

「지능을 가진 기계」(1948)는 연결주의 관점에서 신경망을 구현하는 문제를 논의하고 있으며 최초의 인공지능 선언문이라고 할 만한 글이다. 「계산 기계와 지능」(1950)은 튜링 검사를 자세하게 설명한 글로 유명하며 철학적·논리적 관점에서 인공지능의 가능성을 탐구한다.「지능을 가진 기계라는 이단적 이론」(1951)은 맨체스터에서 행한 강연으로, 마지막 부분에서 기계가 인간의 지능을 뛰어넘을지도 모른다는 무시무시한 주장을 내놓는다. 당시에는 터무니없는 공상으로 치부되었겠지만 인공지능의 어마어마한 능력을 실감하고 있는 지금은 예사롭게 들리지 않는다.「디지털 컴퓨터가 생각할 수 있을까?」(1951)는 BBC 라디오에서 강연한 원고로, 자유의지와 결정론에 대한 흥미로운 논의를 담고 있다. 마지막으로「체스」(1953)는 컴퓨터가 체스를 둘 수 있는 알고리즘을 제안하고 있는데, 튜링은 자신의 알고리즘을 실제로 구현할 방법이 없어서 오로지 머리와 손으로 모든 규칙을 구상하고 정리했다.

튜링은 기계의 지능을 이해하면 인간의 지능을 더 잘 이해할 수 있을 것이라고 말했다. 인간의 지능을 완벽하게 흉내 내는 기계가 등장한다면 우리는 인간의 뇌 또한 일종의 컴퓨터가 아닐지 고민해야 할 것이다.

전기『앨런 튜링의 이미테이션 게임』(동아시아, 2015)의 저자 앤드루 호지스는 온라인 튜링 자료실을 운영하고 있다. 이 책에 실린 튜링 연보와 논문 목록은 그의 홈페이지 (www.turing.org.uk)를 참고했다. 수록 논문은『튜링 선집 The Essential Turing』에 실려 있으며 튜링 자료실에서 원문을 내려받을 수 있다.

노승영

앨런 튜링의 주요 논문

기계 지능(인공지능)

「전자계산기 제안Proposed Electronic Calculator」, 에이스
　　컴퓨터 개발 계획. 1946년 국립물리학연구소 내부
　　문서.

「자동계산기관The Automatic Computing Engine」, 1946년
　　12월과 1947년 1월 조달청 강연.

「런던 수학회 강연Lecture to the London Mathematical
　　Society」, 1947년 2월.

「지능을 가진 기계Intelligent Machinery」, 1948년
　　국립물리학연구소에 제출한 보고서.

「대규모 루틴 점검Checking a Large Routine」, 1949년 6월
　　24일 에드삭(EDSAC) 개통 기념 학술대회 보고서.

「맨체스터 전자 컴퓨터 프로그래머 지침서Programmers'
　　Handbook for the Manchester Electronic Computer」,
　　맨체스터 대학교 전산학연구소 (1950).

「로컬 프로그래밍 방법 및 규약Local Programming Methods
　　and Conventions」, 1951년 7월 맨체스터 대학교 컴퓨터
　　개통 기념 학술대회.

「계산 기계와 지능Computing Machinery and Intelligence」,
　　Mind 59, pp 433–460 (1950).

「지능을 가진 기계라는 이단적 이론Intelligent Machinery: a
　　Heretical Theory」, 맨체스터 강연.

「디지털 컴퓨터가 생각할 수 있을까?Can Digital Computers
　　Think?」, 1951년 라디오 방송.

「자동계산기계가 생각한다고 말할 수 있을까?Can
　　Automatic Calculating Machines Be Said to Think?」,
　　1952년 라디오 방송(M. H. A. 뉴먼, G. 제퍼슨, R. B.
　　브레이스웨이트와의 대담).

「체스Chess」, *Faster than Thought*, ed. B. V. Bowden (1953)에
　　수록.

「해결 가능한 문제와 해결 불가능한 문제Solvable and
　　Unsolvable Problems」, *Science News* 31, pp 7-23 (1954).

순수 수학

「가우스 오차 함수에 대하여On the Gaussian Error
　　Function」, 킹스 칼리지 펠로십 논문 (1935).

「좌우 준주기 함수의 등가Equivalence of Left and Right
　　Almost Periodicity」, *J. London Math. Soc.* 10,
　　pp 284-285 (1935).

「리 군에 대한 유한 근사Finite Approximations to Lie
　　Groups」, *Ann. of Math.* 39 (1), pp 105-111 (1938).

「군의 확대The Extensions of a Group」, *Compositio Math.* 5,
　　pp 357-367 (1938).

「제타 함수의 계산법A Method for the Calculation of the
　　Zeta-Function」, *Proc. London Math. Soc.* (2),
　　pp 180-197 (1943, 1939년 제출).

「행렬 처리의 반올림 오차Rounding-off Errors in Matrix Processes」, *Quart. J. Mech. Appl. Math.* 1, pp 287-308 (1948).

「반군 소거의 단어 문제The Word Problem in Semi-Groups with Cancellation」, *Ann. of Math.* 52 (2), pp 491-505 (1950).

「리만 제타 함수의 몇 가지 계산Some Calculations of the Riemann Zeta-function」, *Proc. London Math. Soc.* (3), pp 99-117 (1953).

「해결 가능한 문제와 해결 불가능한 문제Solvable and Unsolvable Problems」. *Science News* 31, pp 7-23 (1954).

「정상수에 대한 메모A Note on Normal Numbers」.

「콤팩트 군에서의 단어 문제The Word Problem in Compact Groups」.

「치환군에 대하여On Permutation Groups」.

「$\psi(x) - x$ 차The difference $\psi(x) - x$」.

「리틀우드 정리에 대하여On a Theorem of Littlewood」 (S. Skewes와 공저).

형태발생학

「형태발생의 화학적 토대The Chemical Basis of Morphogenesis」, *Phil. Trans. R. Soc. London B* 237, pp 37-72 (1952).

「식물 형태발생의 확산 반응 이론A Diffusion Reaction

Theory of Morphogenesis in Plants」, C. W. Wardlaw와
공저.

「잎차례의 기하학과 묘사Geometrical and Descriptive
Phyllotaxis」.

「형태발생의 화학적 이론Chemical Theory of
Morphogenesis」.

「구 대칭 사례에 대한 형태발생 방정식의 해A Solution of
the Morphogenetic Equations for the Case of Spherical
Symmetry」 (B. Richards와 공저).

「데이지 발달의 개요Outline of the Development of the
Daisy」.

수리논리학

「계산 가능한 수에 관하여, 결정문제에 대한 활용을
중심으로On Computable Numbers, with an
Application to the Entscheidungsproblem」, *Proc. Lond.
Math. Soc.* (2) 42, pp 230-265 (1936); 수정은 같은 책
43, pp 544-546 (1937).

「계산 가능성과 람다 정의 가능성Computability and
λ-definability」, *J. Symbolic Logic* 2, pp 153-163 (1937).

「λ-K 변환에서의 p 함수The p-function in λ-K conversion」,
J. Symbolic Logic 2, p 164 (1937).

「서수 기반 논리 체계Systems of Logic Based on Ordinals」,
Proc. Lond. Math. Soc. (2) 45, pp 161-228 (1939).

「처치의 형 이론에서의 형식적 정리A formal Theorem
   in Church's Theory of Types」(M. H. A. Newman과
   공저), *J. Symbolic Logic* 7, pp 28-33 (1942).
「처치 체계에서 점의 괄호 활용The Use of Dots as Brackets
   in Church's System」, *J. Symbolic Logic* 7, pp 146-156
   (1942).
「형 이론의 실용적 형태Practical Forms of Type-theory」,
   J. Symbolic Logic 13, pp 80-94 (1948).
「처치 체계에 대한 몇 가지 정리Some Theorems about
   Church's System」(1941).
「형 이론의 실용적 형태 II Practical forms of Type Theory II」
   (1943~1944).
「수학 표기법 개혁The Reform of Mathematical Notation」
   (1944~1945).

암호학

「미 해군 암호 연구 및 기계에 대한 보고서Report by
   Turing on U. S. Navy Cryptanalytic Work and Their
   Machinery」, 1942년 11월.
「오하이오 데이턴 NCR 공장 방문 보고서Report Written
   by Turing in December 1942 after His Visit to the NCR
   Factory at Dayton」.
「음성 시스템 딜라일라 진행 보고서Speech System 'Delilah'
   — Report on Progress」, 1944년 6월 6일.

「음성 암호화 시스템 딜라일라에 대한 보고서Report on
　　Speech Secrecy System DELILAH」.
「암호술에 대한 확률론의 적용The Applications of
　　Probability to Cryptography」.
「반복 통계에 대한 보고서Paper on Statistics of Repetitions」.

연보

1912년 6월 23일: 런던 패딩턴에서 출생.

1926~1931년: 이튼 스쿨.

1930년: 친구 크리스토퍼 모컴 사망.

1931~1934년: 케임브리지 대학교 킹스 칼리지 학부 과정.

1935년: 케임브리지 대학교 킹스 칼리지에서 펠로 자격으로
양자역학, 확률론, 논리학 연구.

1936년: 튜링 기계, 계산 가능성, 만능 기계 발표.

1936~1938년: 프린스턴 대학교에서 박사 과정으로 논리학,
대수학, 정수론 연구.

1938~1939년: 케임브리지 대학교로 복귀. 독일의 에니그마
암호 기계를 접함.

1939~1940년: 에니그마 암호 해독 기계인 봄브 개발에
참여.

1939~1942년: 유보트 관련 에니그마 암호를 해독하여
대서양에서의 인명 손실을 방지.

1943~1945년: 영국과 미국에서 암호 관련 자문. 전자 분야
연구.

1945년: 런던의 국립물리학연구소(National Physical
Laboratory)에 참여.

1946년: 선구적인 컴퓨터 및 소프트웨어 연구.

1947~1948년: 프로그래밍, 신경망, 인공지능 연구.

1948년: 처음으로 컴퓨터를 본격적으로 수학에

활용(맨체스터 대학교에서).

1950년: 기계 지능을 위한 튜링 검사 연구.

1951년: 영국 왕립학술원 회원으로 선출. 생물 생장의
비선형 이론 연구.

1952년: 동성애 혐의로 체포되어 기밀 정보 취급 허가 상실.

1953~1954년: 생물학 및 물리학 연구(미완성).

1954년 6월 7일: 체셔 윔슬로에서 시안화물 중독으로
사망(자살).

앨런 튜링 지능에 관하여
Seminal Writings on Artificial Intelligence
by Alan Turing

HB0007

© Alan M. Turing, Seungyoung Noh, Jaesik Kwak
℗ HB Press 2019

1판 4쇄 2022년 12월 23일
1판 1쇄 2019년 10월 21일

지은이   앨런 튜링
번역   노승영
해제   곽재식
그림   가라미
편집   조용범
디자인   김민정
제작   정민문화사, 한승지류유통

에이치비 프레스 (도서출판 어떤책)
서울시 서울시 서대문구 성산로 253-4 402호
전화 02-333-1395
팩스 02-6442-1395
hbpress.editor@gmail.com
hbpress.kr

ISBN 979-11-90314-00-8
CIP제어번호: CIP2019037966

노승영

서울대학교 영어영문학과를 졸업하고, 서울대학교 대학원
인지과학 협동과정을 수료했다. 컴퓨터 회사에서
번역 프로그램을 만들었으며 환경 단체에서 일했다.
'내가 깨끗해질수록 세상이 더러워진다'라고 생각한다.
박산호 번역가와 함께 『번역가 모모 씨의 일일』을 썼으며,
『당신의 머리 밖 세상』, 『헤겔』, 『마르크스』, 『자본가의
탄생』, 『천재의 발상지를 찾아서』, 『바나나 제국의 몰락』,
『트랜스휴머니즘』, 『나무의 노래』, 『노르웨이의 나무』,
『정치의 도덕적 기초』, 『그림자 노동』 등의 책을 우리말로
옮겼다. 홈페이지(http://socoop.net)에서 그동안 작업한
책들에 대한 정보와 정오표를 볼 수 있다.

곽재식

과학자이자 SF 작가. 카이스트에서 원자력 및 양자공학을
전공했고 동 대학원에서 이론화학을 전공했다. 고교 시절부터
취미로 소설을 쓴 경험이 이어져 화학회사 연구원으로
일하면서 많은 작품을 발표하며 일가를 이루었다.
『토끼의 아리아』, 『지상 최대의 내기』 등 여섯 권의 소설집,
장편소설 『사기꾼의 심장은 천천히 뛴다』, 『가장 무서운
이야기 사건』을 썼다. 그뿐만 아니라 『어떻게든 글쓰기』,
『한국 괴물 백과』, 『로봇공화국에서 살아남는 법』 등 작법서,
백과사전, 과학교양서 들을 썼다.